Pr

Premiere Pro 短视频剪辑

零基础一本通

孙丽娜 —— 著

人民邮电出版社
北京

图书在版编目（CIP）数据

Premiere Pro短视频剪辑零基础一本通 / 孙丽娜著
. -- 北京 : 人民邮电出版社, 2024.6
ISBN 978-7-115-63967-7

Ⅰ. ①P… Ⅱ. ①孙… Ⅲ. ①视频编辑软件 Ⅳ.
①TN94

中国国家版本馆CIP数据核字(2024)第057092号

内 容 提 要

本书循序渐进地讲解使用Premiere软件进行视频剪辑、调色的方法和技巧，可以帮助读者轻松、快速地掌握Premiere软件的操作方法。

本书共9章，主要内容包括Premiere的必会操作、Premiere的基础剪辑技巧、使用动感音频增加视频节奏感、添加字幕让视频图文并茂、润色画面增加视频美感、使用视频效果打造创意画面、使用转场效果让视频过渡更自然、添加关键帧让画面动起来、抠像合成秒变技术流等。

本书提供了案例配套素材及专业讲师的教学视频，方便读者边学边练，提高学习效率。本书适合Premiere软件的用户、广大短视频创作爱好者，以及有一定经验的视频剪辑师等阅读和学习。

◆ 著　　　　孙丽娜
责任编辑　张　贞
责任印制　周昇亮

◆ 人民邮电出版社出版发行　　北京市丰台区成寿寺路 11 号
邮编　100164　　电子邮件　315@ptpress.com.cn
网址　https://www.ptpress.com.cn
北京九天鸿程印刷有限责任公司印刷

◆ 开本：889×1194　1/32
印张：4.5　　　　2024 年 6 月第 1 版
字数：192 千字　　　　2024 年 6 月北京第 1 次印刷

定价：39.80 元

读者服务热线：(010)81055296　印装质量热线：(010)81055316
反盗版热线：(010)81055315
广告经营许可证：京东市监广登字 20170147 号

前 言

Adobe Premiere Pro是由Adobe公司推出的一款非线性编辑软件，目前这款软件广泛应用于广告制作和电视节目制作中。它提供了剪辑、调色、音频处理、字幕添加等强大的视频编辑功能，并和其他Adobe软件高效集成，可以满足用户大部分的视频编辑需求。全书从实用角度出发，以案例的形式，由浅至深地向读者讲解Adobe Premiere Pro的基础操作和剪辑技巧。希望读者能学以致用，举一反三，快速掌握Adobe Premiere Pro在视频编辑领域中的应用方法和技巧。

本书由北京邮电大学世纪学院的孙丽娜老师创作，参与编写的人员还有北京印刷学院的王斐老师，以及姜智源、梁子琦、邵珈宁。

本书特色

内容由浅至深，通俗易懂：本书内容新颖、难度适中、通俗易懂，以实战案例的方式，对Adobe Premiere Pro的基本剪辑功能、调色功能、视频效果、字幕效果等知识进行了全方位的讲解。

实战案例讲解，边学边练：本书没有过多的枯燥理论，采用“案例式”教学方法，通过众多实用性极强的实战案例，为读者讲解Adobe Premiere Pro的基础操作和实用剪辑技巧。

配套教学视频，边看边学：本书提供专业讲师的讲解视频，读者不仅可以按照书中的步骤制作视频，还可以观看配套的讲解视频。

资源下载说明

本书附赠案例配套素材与教学视频，扫码添加企业微信，回复数字“63967”，即可获得配套资源的下载链接。资源下载过程中如遇到困难，可联系客服解决。

资 源 下 载

扫 描 二 维 码
下载本书配套资源

目录 CONTENTS

第 1 章　Premiere 的必会操作

第 2 章　Premiere 的剪辑技巧

第 3 章　使用动感音频增加视频节奏感

第 4 章　添加字幕让视频图文并茂

第 5 章　润色画面增加视频美感

第 6 章　使用视频效果打造创意画面

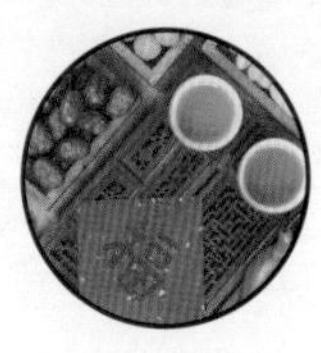

第 7 章　使用转场效果让视频过渡更自然

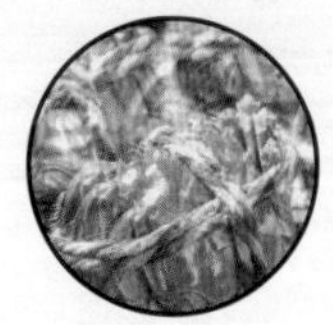

第 8 章　添加关键帧让画面动起来

第 9 章　抠像合成秒变技术流

第 1 章

Premiere 的必会操作

Adobe Premiere Pro（简称Pr）是由Adobe公司开发的一款视频编辑软件，凭借着简便实用的编辑方式，对素材格式的广泛支持，拓展性、兼容性强等优势，得到了很多视频编辑爱好者和专业人士的青睐。这款软件广泛应用于广告制作和电视节目制作中，本章将介绍Adobe Premiere Pro的一些必会操作。

1.1 安装与启动 Premiere

使用Adobe Premiere Pro（后文称Premiere Pro）对素材进行剪辑之前，需要先安装和启动Premiere Pro应用程序。下面将详细介绍安装与启动Premiere Pro的操作方法。

步骤 01 打开Premiere Pro安装文件夹，双击Setup.exe安装文件，然后根据向导提示进行安装。

步骤 02 安装完成后，双击桌面上的Premiere Pro的快捷方式图标，即可进入Premiere Pro的启动界面，如图 1-1所示。

步骤 03 启动完成后，会显示软件的“主页”界面，如图 1-2所示。通过该界面可以打开最近编辑过的项目文件，还可以进行新建项目、打开项目等操作。

图 1-1

图 1-2

1.2 创建项目

要制作符合要求的影视作品，首先得创建一个符合要求的项目文件，然后再进行剪辑工作。下面将详细介绍如何在Premiere Pro中创建影片编辑项目。

步骤 01 在桌面上双击Premiere Pro 的快捷方式图标，启动软件。

步骤 02 在“主页”界面中，单击“新建项目”按钮，如图 1-3所示，进入项目设置界面，设置项目的名称和保存位置，在右侧的“导入设置”区域中还可以复制媒体、新建素材箱以及创建新序列，如图 1-4所示。

图 1-3

图 1-4

步骤 03 单击“创建”按钮，进入Premiere Pro的工作界面，如图 1-5所示。

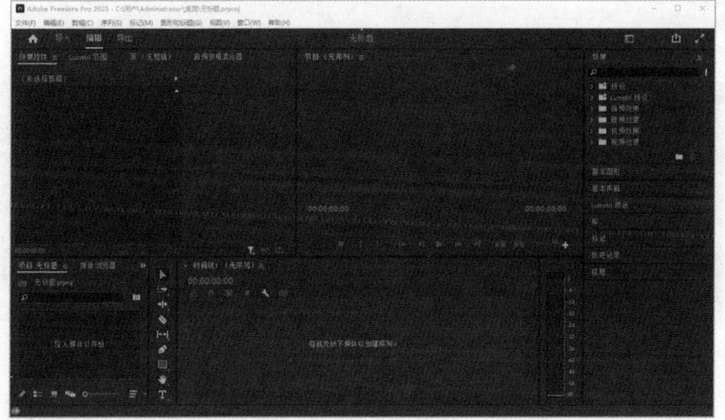

图 1-5

提示

执行“文件→新建→项目”菜单命令（快捷键Ctrl+Alt+N），也可以新建项目文件。

1.3 新建序列

新建序列是在新建项目后需要完成的一个操作，可根据素材的大小选择合适的序列类型。下面将详细介绍新建竖屏视频序列与横屏视频序列的方法。

步骤 01 启动Premiere Pro，在菜单栏中执行“文件→打开项目”命令（快捷键Ctrl+O），将路径文件夹中的“新建序列.prproj”文件打开。

步骤 02 在“项目：新建序列”面板的空白区域右击，在弹出的快捷菜单中执行“新建项目→序列”命令，如图1-6所示。

步骤 03 在弹出的“新建序列”对话框中，切换到“设置”选项卡，展开“编辑模式”下拉列表，选中“自定义”选项，将“帧大小”设置为1080和1920，在对话框下面设置“序列名称”为“竖屏视频”，单击“确定”按钮，如图1-7所示，完成竖屏视频序列的创建。

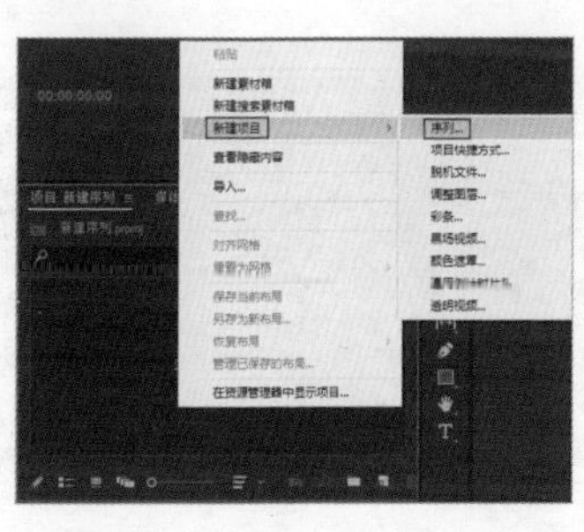

图 1-6

图 1-7

步骤 04　此时新建的序列会自动添加到“项目：新建序列”面板和“时间轴”面板中，如图 1-8和图 1-9所示。

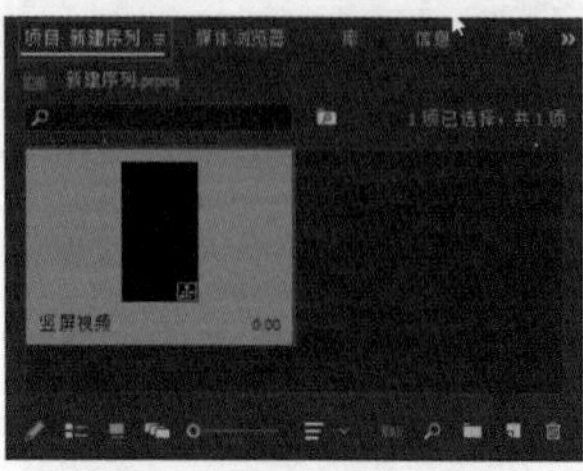

图 1-8

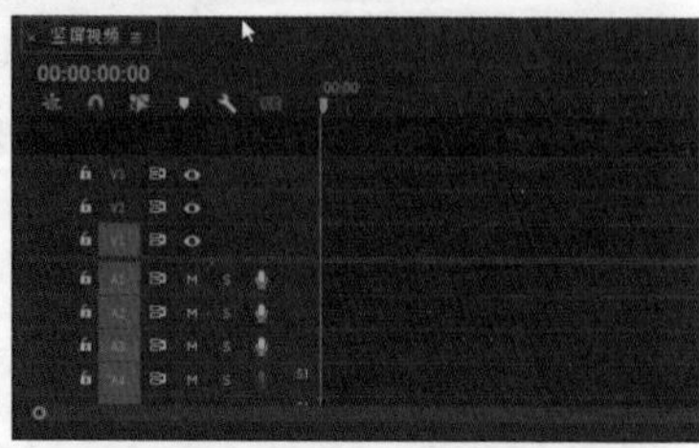

图 1-9

步骤 05　在“项目：新建序列”面板右下角单击“新建项”按钮，在弹出的菜单中执行“序列”命令，如图 1-10所示，也可以使用快捷键Ctrl+N直接打开“新建序列”对话框。在“新建序列”对话框中打开“AVCHD”文件夹，然后打开“1080i”子文件夹，选中“AVCHD 1080i25（50i）”，设置“序列名称”为“横屏视频”，再单击“确定”按钮，如图 1-11所示，完成横屏视频序列的创建。

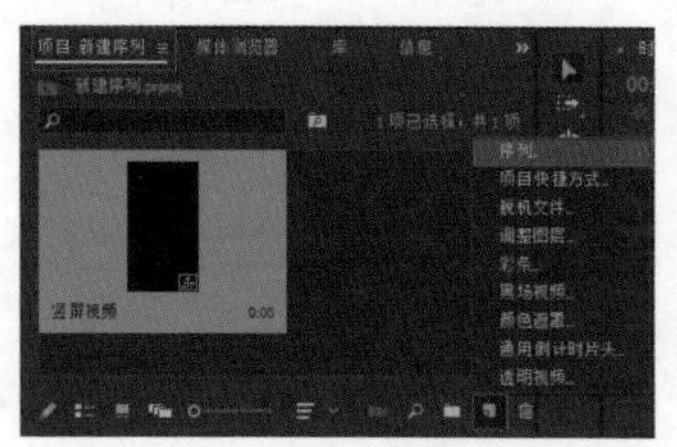

图 1-10

图 1-11

步骤 06　此时新建的序列会自动添加到“项目：新建序列”面板和“时间轴”面板中，如图 1-12和图 1-13所示。

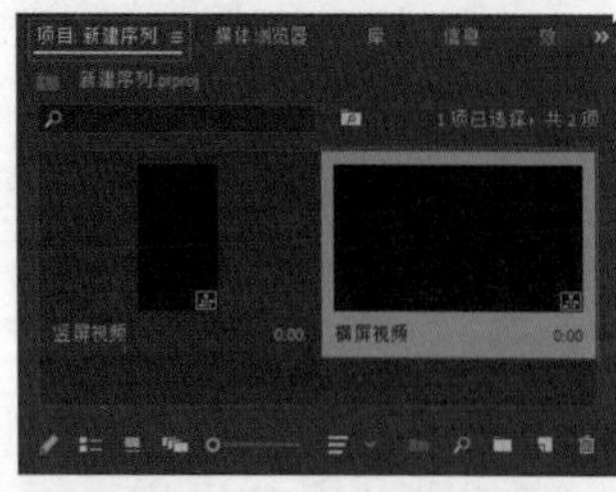

图 1-12

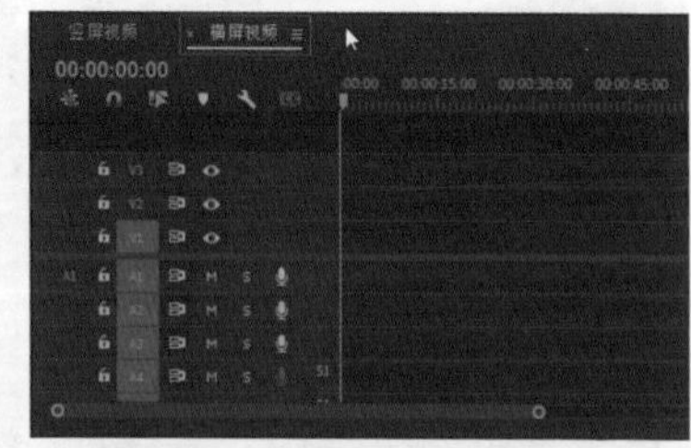

图 1-13

提示

在没有新建序列的情况下，将素材文件拖曳至“时间轴”面板中，此时“项目”面板中将自动生成与素材文件等大的序列。

1.4 导入素材 向日葵花海

Premiere是通过组合素材来编辑影视作品的。在编辑影视作品之前，需要将准备的素材导入“项目”面板中。下面将详细介绍导入素材的基本操作，包括导入序列图片素材、导入PSD格式的素材、导入视频素材。

步骤 01 启动Premiere Pro软件，新建一个项目文件。

步骤 02 双击“项目”面板的空白区域，在弹出的“导入”对话框中选中“静帧序列”文件夹，单击“打开”按钮，如图 1-14所示。

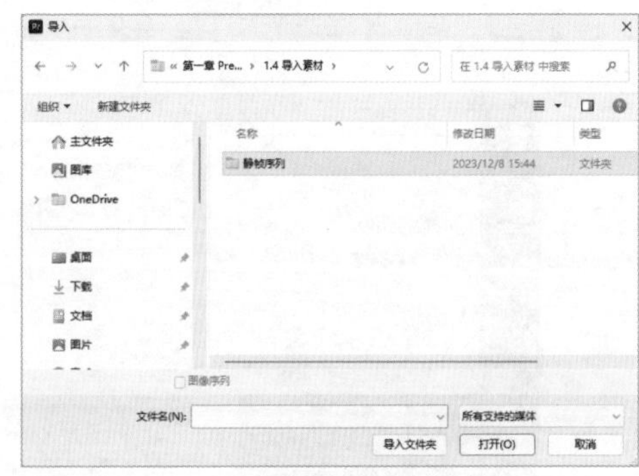

图 1-14

步骤 03 选中“静帧序列”文件夹里的第一张图片，接着勾选下方的“图像序列”复选框，然后单击“打开”按钮，如图 1-15所示。

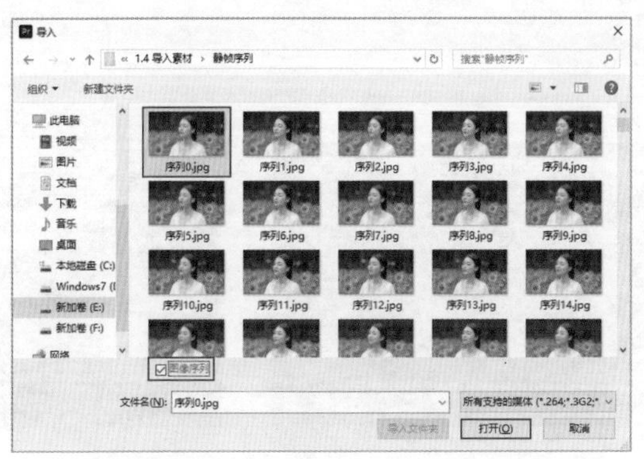

图 1-15

步骤 04 序列图片在“项目：无标题”面板中以独立文件的形式显示，如图 1-16所示。按住鼠标左键将其拖曳至“时间轴”面板中，如图 1-17所示，即可成功添加序列图片。

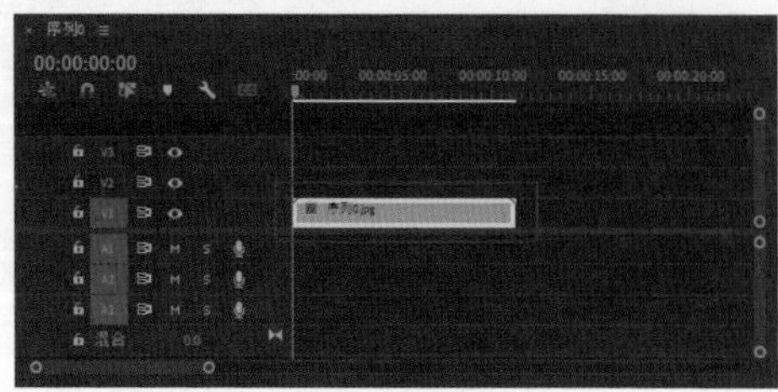

图 1-16　　　　图 1-17

步骤 05　在“项目：无标题”面板的空白区域右击，在弹出的快捷菜单中执行“导入”命令，如图 1-18 所示。

步骤 06　在弹出的“导入”对话框中双击“向日葵.psd”文件，如图 1-19 所示。

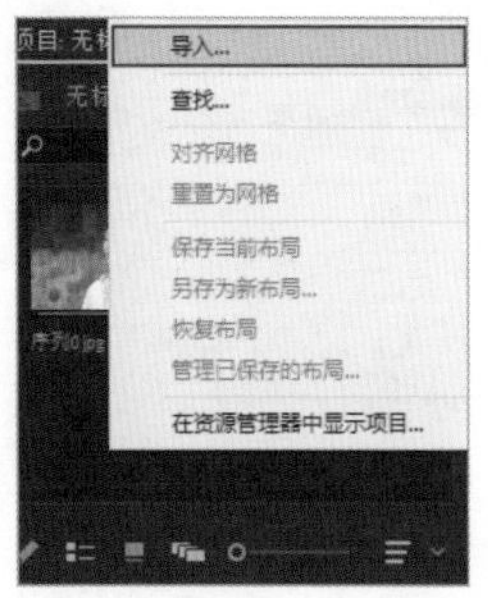

图 1-18　　　　图 1-19

步骤 07　系统弹出“导入分层文件：向日葵”对话框，在“导入为”下拉列表中选中“合并所有图层”选项，然后单击“确定”按钮，如图 1-20 所示。导入的 PSD 格式的合成素材将以图片形式出现在“项目：无标题”面板中，如图 1-21 所示。

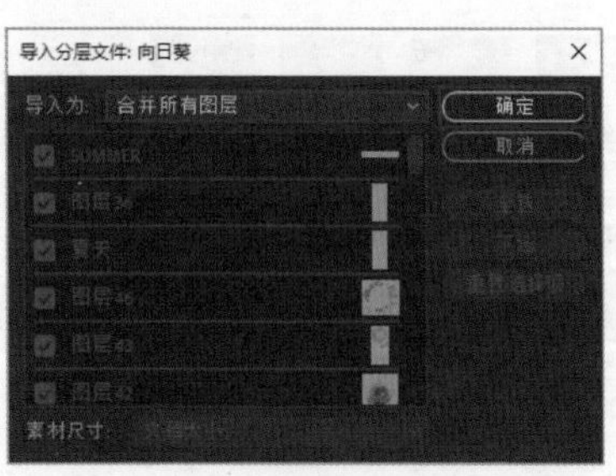

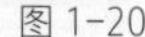
图 1-20　　　　图 1-21

步骤 08　在菜单栏中执行“文件→导入”命令（快捷键 Ctrl + I），如图 1-22 所示。在打开的“导入”对话框中选中“向日葵花海.mp4”素材文件，单击“打开”按钮，如图 1-23 所示，即可将视频素材导入 Premiere Pro 的“项目”面板中。

图 1-22　　　　　　　　　　图 1-23

提示

导入素材文件还有另外两种方法，第一种是在“媒体浏览器”面板中打开需要导入的素材文件，第二种是直接将素材文件拖入“项目”面板中。

1.5 替换素材 世界读书日

在视频编辑过程中，用户会碰到已经为素材添加了一些属性，但突然发现素材不合适，需要更换的情况。如果直接将素材删除，已经添加的属性也会跟着被删除，这时使用“替换素材”功能可以在不更改已添加属性的情况下，替换原始素材，帮助用户提高工作效率。下面将详细介绍替换素材的方法。

步骤 01　启动 Premiere Pro 软件，在菜单栏中执行“文件→打开项目”命令，将路径文件夹中的“替换素材.prproj”文件打开，如图 1-24 所示。

步骤 02　在“项目：替换素材”面板中打开“视频”文件夹，选中“阅读.mp4”素材并右击，在弹出的快捷菜单中执行“替换素材”命令，如图 1-25 所示。

图 1-24

图 1-25

步骤 03 在打开的对话框中选中“亲子郊游看书.mp4”素材作为替换素材，单击“选择”按钮，如图 1-26 所示。此时，“视频”文件夹中的“阅读.mp4”素材被替换为“亲子郊游看书.mp4”素材，如图 1-27 所示。

图 1-26

图 1-27

1.6 编组素材 运动进行时

在编辑视频时可通过对多个素材编组，将多个素材文件合并为一个整体，这样在后续编辑时便可同时选中素材或添加效果。下面将详细介绍编组素材的方法。

步骤 01 启动 Premiere Pro 软件，在菜单栏中执行“文件→打开项目”命令，将路径文件夹中的“编组素材.prproj”文件打开。

步骤 02 将“热身运动 1.mp4”和“热身运动 2.mp4”素材拖曳到“时间轴”面板的 V1 轨道上，在弹出的“剪辑不匹配警告”对话框中单击“保持现有设置”按钮，如图 1-28 所示。将“足球运动员运球.mp4”素材拖曳到 V2 轨道上，起始时间为 00:00:02:21，结束时间与 V1 轨道上的“热身运动 1.mp4”素材的结束时间相同。将“足球运动员形象.mp4”素材拖曳到 V2 轨道上，起始时间为 00:00:10:10，如图 1-29 所示。

图 1-28

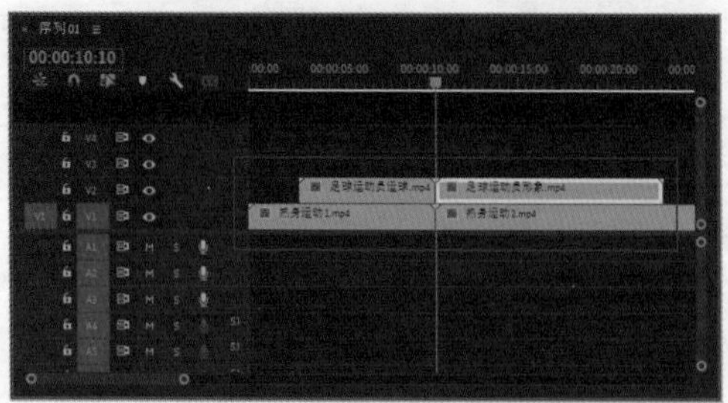

图 1-29

步骤 03 选中“热身运动1.mp4”和“足球运动员运球.mp4”素材并右击，在弹出的快捷菜单中执行“编组”命令，如图 1-30 所示。之后便可同时选中或移动这两个素材，如图 1-31 所示。

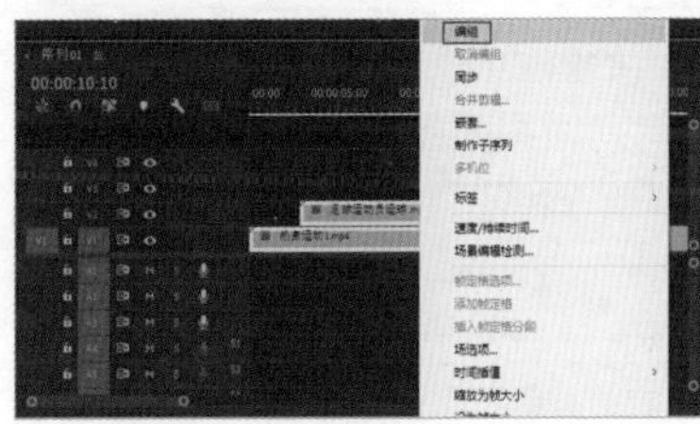

图 1-30

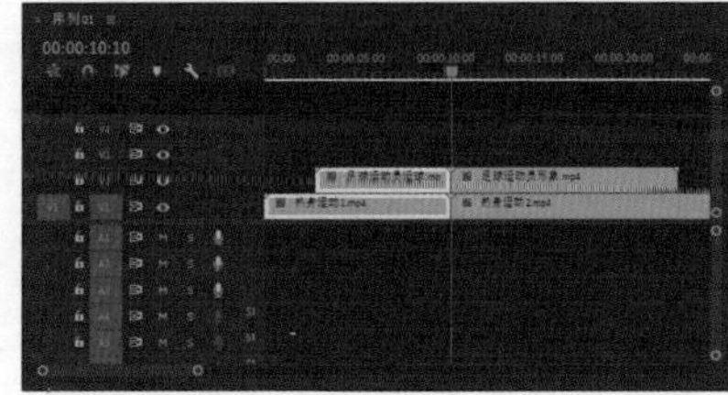

图 1-31

步骤 04 在“效果”面板的搜索框中输入“水平翻转”并按Enter键，如图 1-32 所示，按住鼠标左键将“水平翻转”效果拖曳到编组对象上，如图 1-33 所示。

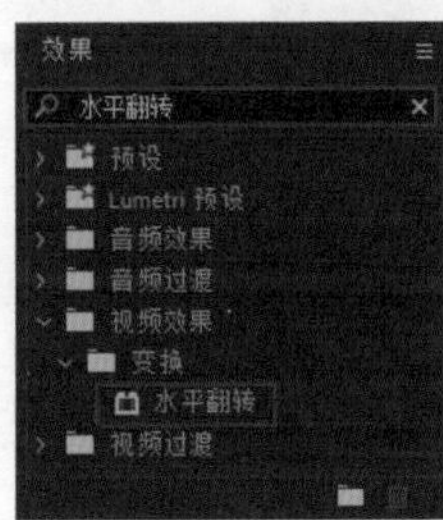

图 1-32

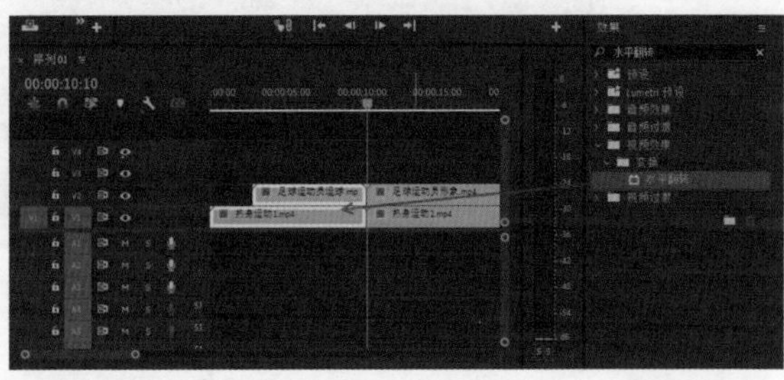

图 1-33

步骤 05 “热身运动1.mp4”和“足球运动员运球.mp4”素材均发生了水平翻转变化，添加效果前后的对比图如图 1-34 所示。

图 1-34

1.7 嵌套素材 唯美小雏菊

嵌套素材就是将一组素材进行嵌套，形成一个序列。这样可以让“时间轴”面板中的序列看起来更加清晰明了，用户不会因为素材片段过多而无从下手。用户可以单独打开某个主序列并编辑其所包含的内容，同时可以在主序列中看到更新后的变化。在进行视频制作时，将“时间轴”面板中的素材文件以嵌套的方式转换为一个序列，便于对素材进行操作与归纳。下面将详细介绍嵌套素材的方法。

步骤 01 启动Premiere Pro软件，在菜单栏中执行“文件→打开项目”命令，将路径文件夹中的“嵌套素材.prproj”文件打开。

步骤 02 在“效果”面板中搜索“裁剪”效果，将该效果拖曳至V1轨道的“小雏菊.mp4”素材上，如图 1-35 所示。

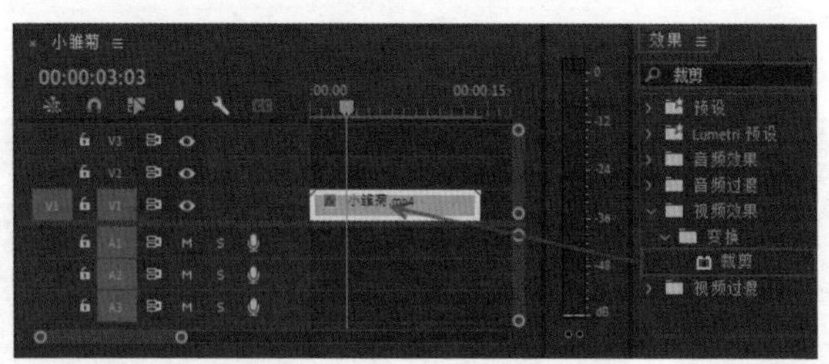

图 1-35

步骤 03 在“效果控件”面板中展开“裁剪”卷展栏，设置“右侧”参数为50.0%，如图 1-36 所示。

步骤 04 选中“小雏菊.mp4”素材，将时间线拖到起始位置，在“效果控件”面板中，设置“位置”参数为（960.0，–542.0），并单击“位置”左侧的“切换动画”按钮，开启自动关键帧。接着将时间线拖到00:00:09:00位置，设置“位置”参数为（960.0，540.0），如图 1-37 所示。

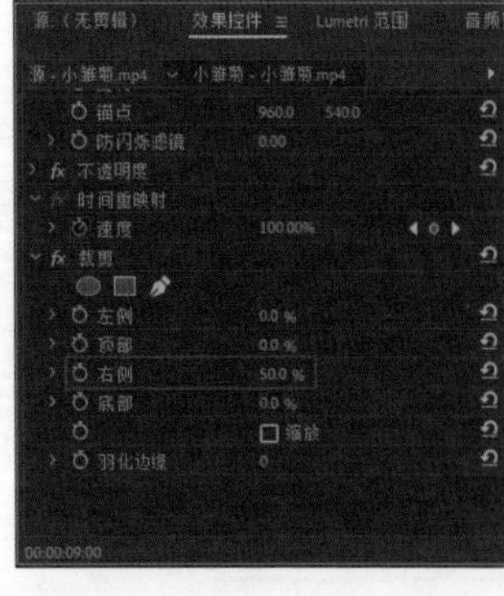

图 1-36

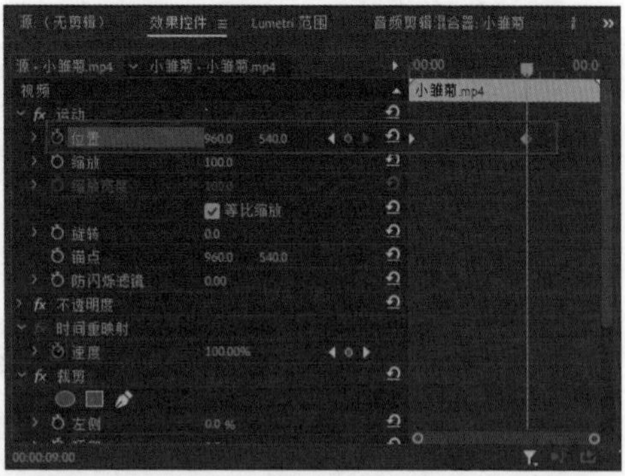

图 1-37

步骤 05 预览视频，画面效果如图 1-38 和图 1-39 所示。

图 1-38

图 1-39

步骤 06 选中 V1 轨道中的“小雏菊.mp4”素材，按住 Alt 键的同时，将素材拖至 V2 轨道，以复制素材，如图 1-40 所示。

步骤 07 选中 V2 轨道中的“小雏菊.mp4”素材，在“效果控件”面板中，将时间线拖到起始位置，设置“位置”参数为（960.0，1623.0）。展开“裁剪”卷展栏，设置“右侧”参数为 0.0%，设置“左侧”参数为 50.0%，如图 1-41 所示。

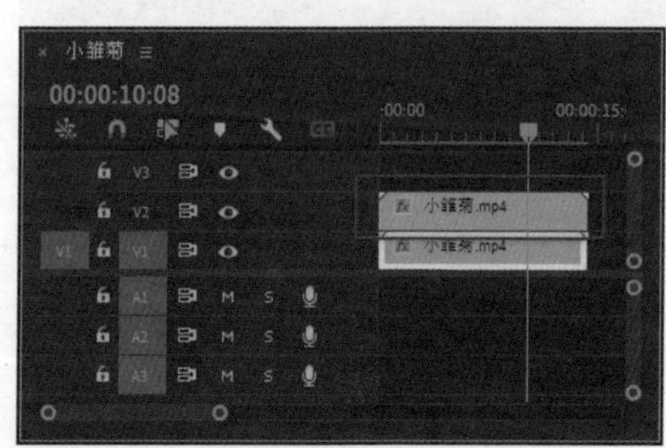

图 1-40

图 1-41

步骤 08 上述操作完成后，得到的画面效果如图 1-42 和图 1-43 所示。

图 1-42

图 1-43

步骤 09 在“时间轴”面板中，同时选中 V1 和 V2 轨道中的素材，单击鼠标右键，在弹出的快捷菜单中执行“嵌套”命令，如图 1-44 所示。

步骤 10 弹出“嵌套序列名称”对话框，在“名称”文本框中自定义序列名称（这里使用默认名称），单击“确定”按钮，如图 1-45 所示。

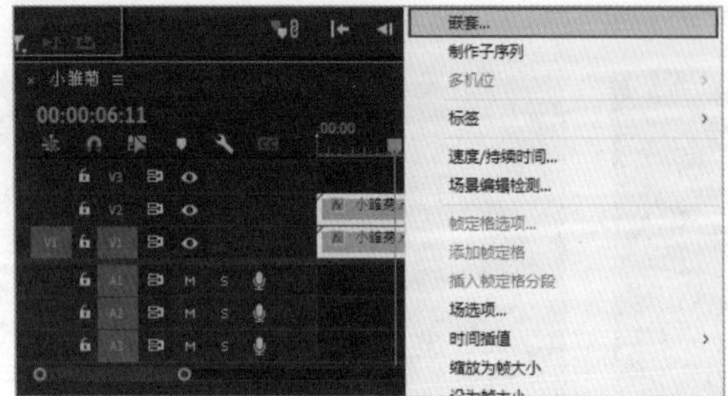

图 1-44

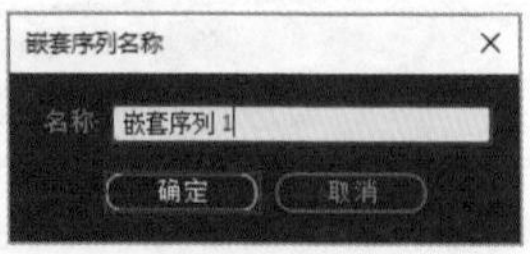

图 1-45

步骤 11　在“项目：嵌套素材”面板中可以看到刚刚创建的“嵌套序列 1”，如图 1-46 所示。“时间轴”面板中的两个素材转换为一个序列，如图 1-47 所示。

图 1-46

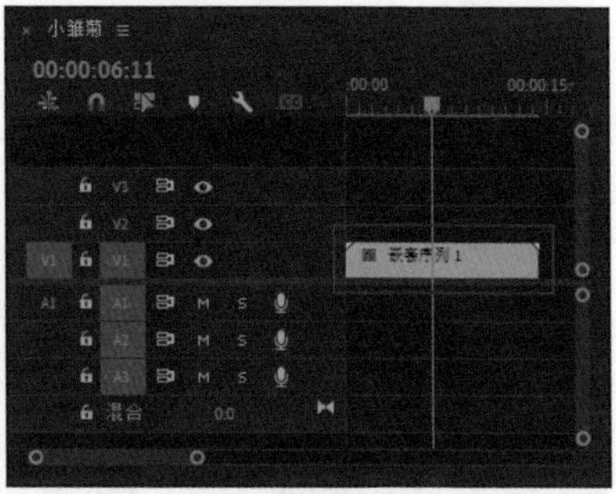

图 1-47

步骤 12　选中“嵌套序列 1”，在“效果控件”面板中，将时间线拖到 00:00:14:13 位置并单击“缩放”左侧的“切换动画”按钮，开启自动关键帧。接着将时间线拖到 00:00:09:12 位置，设置“缩放”参数为 135.0，如图 1-48 所示。

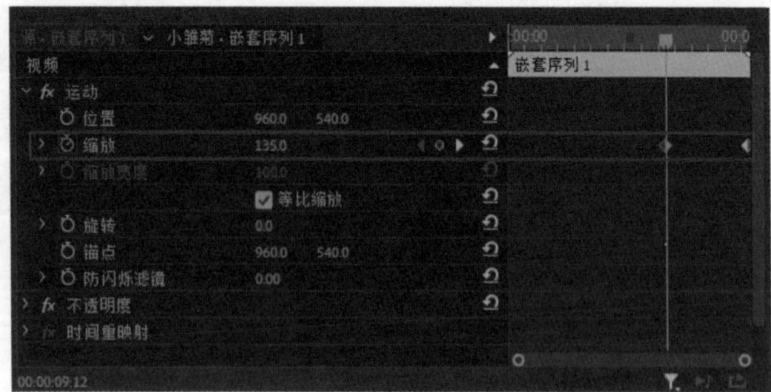

图 1-48

步骤 13　画面最终效果如图 1-49 和图 1-50 所示。

图 1-49

图 1-50

1.8 链接素材 春日桃花开

在视频编辑过程中，素材显示为红色，说明素材已经脱机或者素材文件被移动，这时可以通过执行“链接素材”命令重新链接素材，这样做不会破坏已编辑好的项目文件。下面将详细介绍链接素材的方法。

步骤 01 启动 Premiere Pro 软件，在菜单栏中执行“文件→打开项目”命令，将路径文件夹中的“链接素材.prproj”文件打开。

步骤 02 在“项目：链接素材”面板中，“桃花盛开.mp4”文件显示的媒体类型信息为问号，如图 1-51 所示；“节目：序列 01”面板中显示为脱机媒体文件，如图 1-52 所示。

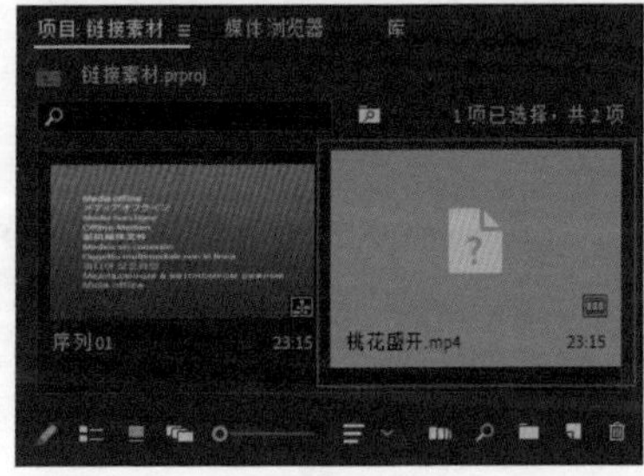

图 1-51

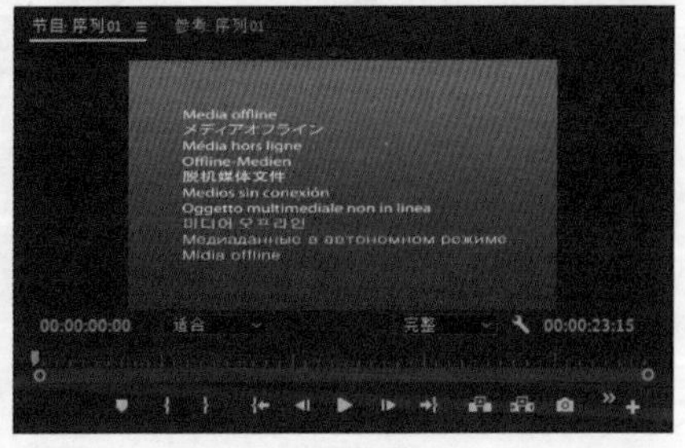

图 1-52

步骤 03 在“桃花盛开.mp4”文件上右击，在弹出的快捷菜单中执行“链接媒体”命令，如图 1-53 所示。

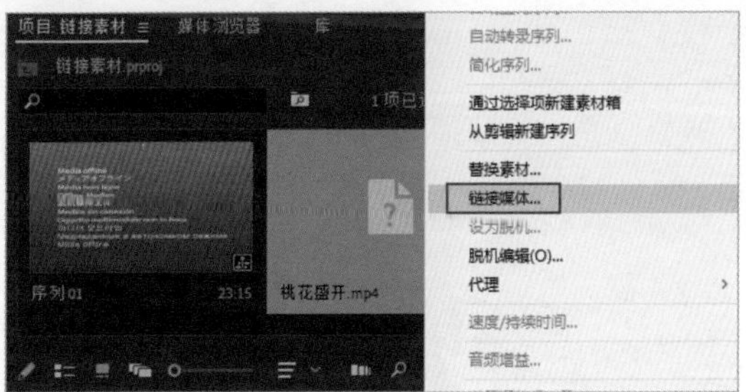

图 1-53

步骤 04 在弹出的“链接媒体”对话框中单击“查找”按钮，如图 1-54 所示。

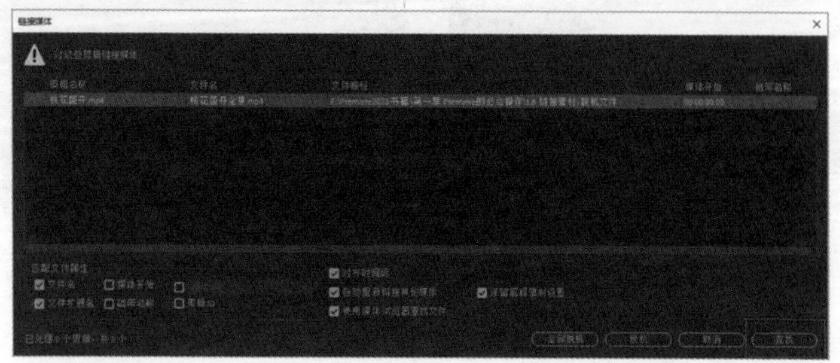

图 1-54

步骤 05 在打开的对话框中查找并选中“桃花盛开.mp4”素材，单击对话框中的“确定”按钮，如图 1-55 所示，重新链接文件，如图 1-56 所示。

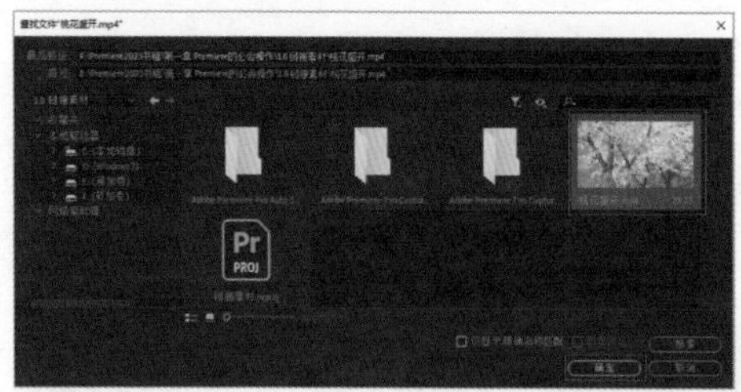

图 1-55

图 1-56

第 2 章

Premiere 的剪辑技巧

剪辑是视频制作过程中必不可少的一个操作，在一定程度上决定了视频质量的好坏，可以影响作品的叙事方式、节奏和情感，更是视频二次升华和创作的基础。剪辑的本质是通过视频中主体动作的分解和组合来传达故事情节，完成内容叙述。

2.1 入点和出点 周末亲子时光

用户编辑视频通常要花费大量时间查看素材及选择素材（或某个素材的某一部分内容），添加入点和出点可以帮助用户很容易地做出选择。下面将详细介绍设置入点和出点挑选视频片段的方法，案例效果如图 2-1 所示。

图2-1

步骤 01 启动Premiere Pro软件，在菜单栏中执行“文件→打开项目”命令，打开路径文件夹中的“入点和出点.prproj”文件。可以看到“时间轴”面板中添加了音频、视频素材，如图 2-2 所示。

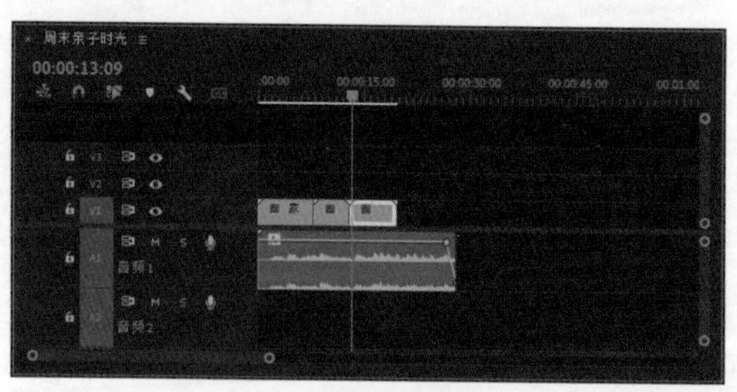

图2-2

步骤 02 双击“项目：入点和出点”面板中的“追逐嬉闹.mp4”素材文件，将其在“源：追逐嬉闹.mp4”面板中打开。将播放滑块拖至00:00:03:00位置，单击“源：追逐嬉闹.mp4”面板底部的“标记入点”按钮（快捷键I），为素材添加入点，如图 2-3 所示。将播放滑块拖至00:00:11:06位置，单击“标记出点”按钮（快捷键O），为素材添加出点，如图 2-4 所示。

图 2-3

图 2-4

步骤 03 将时间线拖至00:00:19:21位置，将鼠标指针移到“仅拖动视频”按钮■上，如图 2-5所示。按住鼠标左键不放，将其拖曳至时间线所在位置，如图 2-6所示，即可添加选择的视频片段。

图 2-5

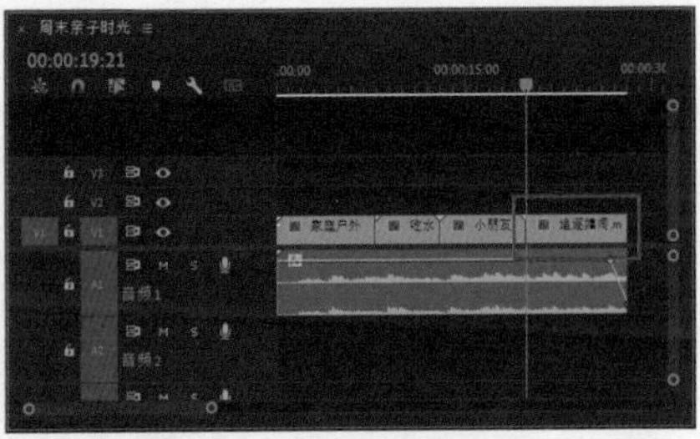

图 2-6

提示

将时间线拖至00:00:19:21位置，使用快捷键I设置入点，如图 2-7所示；接着将时间线拖至00:00:28:02位置，使用快捷键O设置出点，如图 2-8所示。按快捷键Ctrl+M，即可输出此段视频。

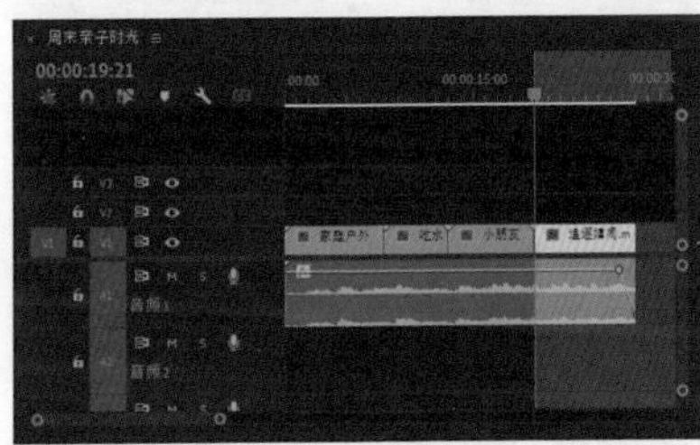

图 2-7

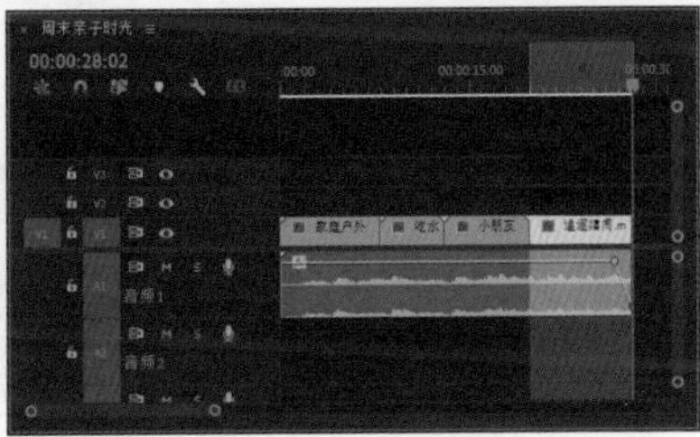

图 2-8

2.2 设置标记点 中秋古风月饼

设置标记点可以为素材添加标记，方便用户后续对素材进行编辑。下面将详细介绍使用标记点制作卡点视频的方法，案例效果如图 2-9所示。

图2-9

步骤01 启动Premiere Pro软件，在菜单栏中执行“文件→打开项目”命令，打开路径文件夹中的“设置标记点.prproj”文件。可以看到“时间轴”面板中添加了音频素材，如图2-10所示。

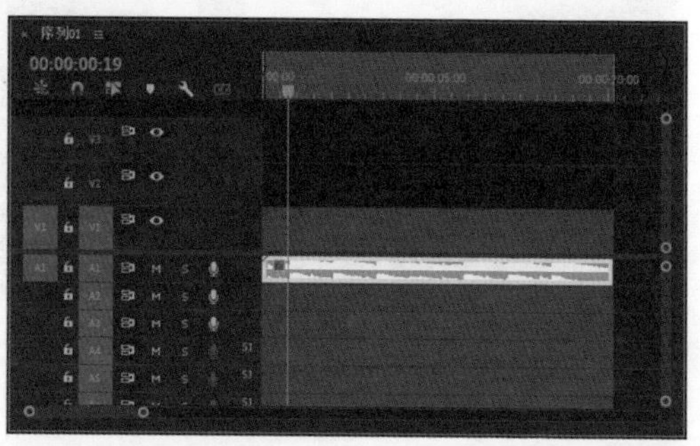

图2-10

步骤02 按空格键播放音频。当时间线移到00:00:00:19位置时，音乐有明显的节奏重点。单击“时间轴”面板的空白区域，按M键，添加一个绿色标记，如图2-11所示。

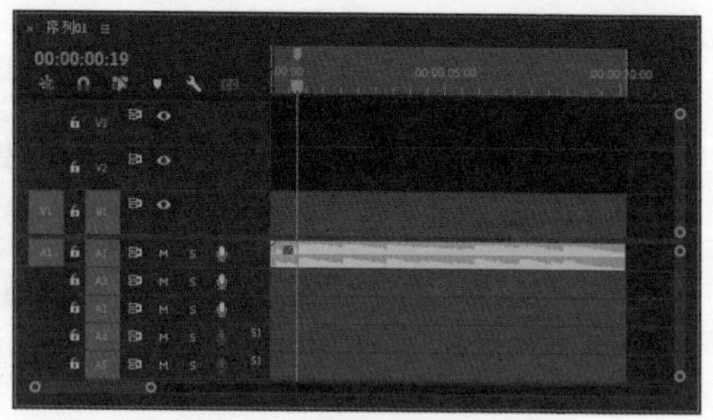

图2-11

步骤03 继续播放音频。参照步骤02的操作方法，分别在00:00:02:00、00:00:03:07、00:00:05:21、00:00:07:02、00:00:08:09处添加绿色标记，效果如图2-12所示。

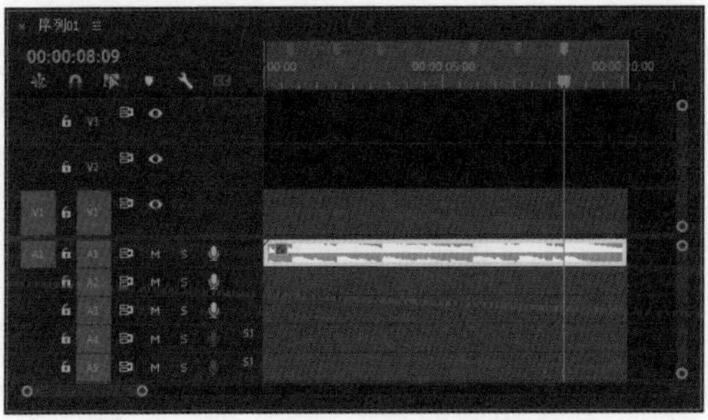

图2-12

步骤04 在“项目：设置标记点”面板中，双击“月饼.mp4”素材，将其在“源：月饼.mp4”面板中打开，将播放滑块移至00:00:02:14位置并单击“标记入点”按钮，将播放滑块移至00:00:03:08位置并单击“标记出点”按钮。然后将鼠标指针移动到“仅拖动视频”按钮上，如图2-13所示。按住鼠标左键将其拖曳至“时间轴”面板中，如图2-14所示。

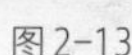

图2-13

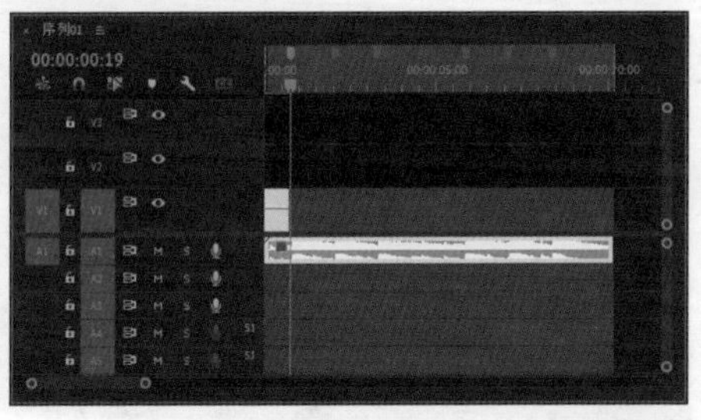

图2-14

步骤05 参照步骤04的操作方法，分别选中00:00:22:01至00:00:23:08片段、00:00:30:10至00:00:31:16片段、00:00:47:08至00:00:47:09片段、00:01:02:20至00:01:03:24片段、00:01:17:03至00:01:18:10片段、00:01:27:18至00:01:29:13片段，并将它们添加到“时间轴”面板中，如图2-15所示。

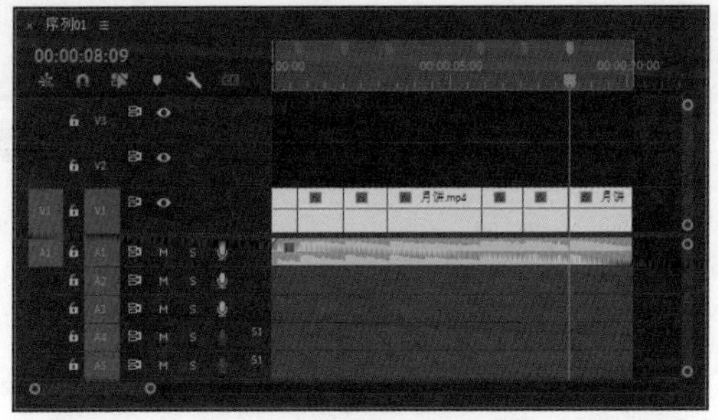

图2-15

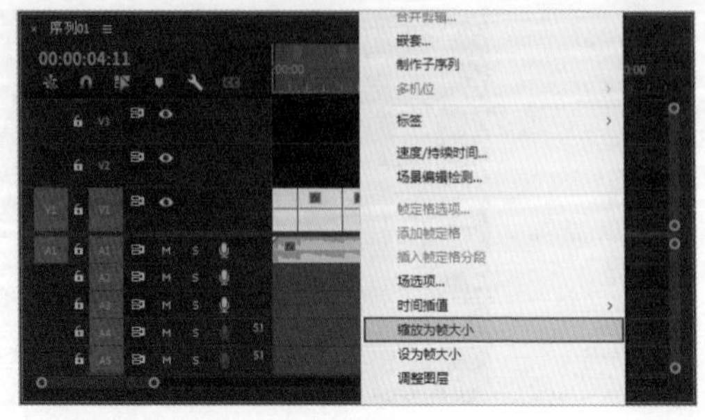

图 2-16

步骤 06 选中所有素材并右击，在弹出的快捷菜单中执行“缩放为帧大小”命令，如图 2-16 所示，制作出卡点视频。

提示

在为音频设置标记点的时候，可以观察音频的波纹，一般波峰的位置会有重音。

2.3 插入和覆盖 海边落日余晖

插入编辑是指在时间线所在位置添加素材时，时间线后面的素材同时向后移动；覆盖编辑是指在时间线所在位置添加素材时，时间线后方素材与添加的素材重叠的部分被覆盖，且不会向后移动。下面将详细介绍如何使用插入编辑和覆盖编辑快速插入与更换素材。案例效果如图 2-17 所示。

图 2-17

步骤 01 启动 Premiere Pro 软件，在菜单栏中执行“文件→打开项目”命令，打开路径文件夹中的“插入和覆盖.prproj”文件。

步骤 02 可以看到“时间轴”面板中添加了素材，如图 2-18 所示。在“节目：序列 01”面板中可以预览当前素材的效果，如图 2-19 所示。

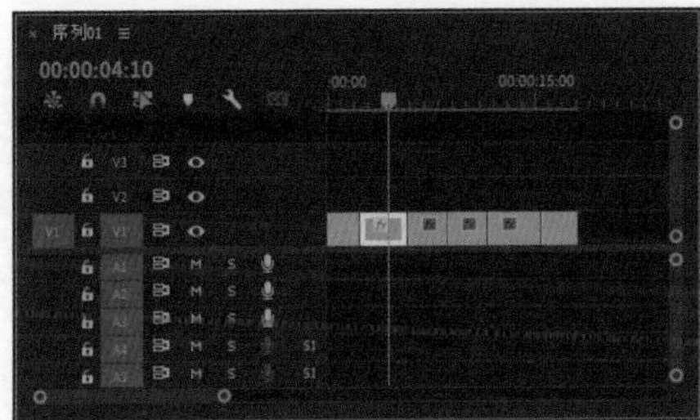
图2-18

图2-19

步骤 03 在“时间轴”面板中，将时间线移至00:00:02:11位置，如图 2-20 所示。

步骤 04 双击“项目”面板中的“海边游玩.mp4”素材，将其在“源：海边游玩.mp4”面板中打开，将播放滑块移至00:00:03:00位置并单击“标记入点”按钮，将播放滑块移至00:00:06:06位置并单击“标记出点”按钮，然后单击“源：海边游玩.mp4”面板底部的“插入”按钮，如图 2-21 所示。

图2-20

图2-21

步骤 05 “海边游玩.mp4”素材被插到时间线的后方，原本位于时间线后方的“大海.mp4”等素材相应地向后移动了，如图 2-22 所示。

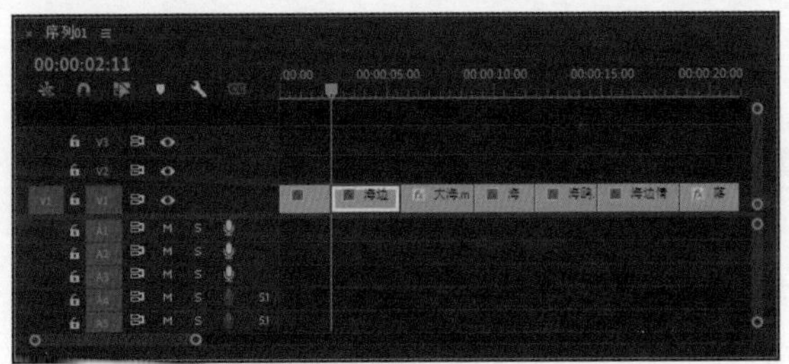
图2-22

步骤 06 在“时间轴”面板中，将时间线移至00:00:18:16位置，如图 2-23 所示。

步骤 07 双击“项目”面板中的“夕阳.mp4”素材，将其在“源：夕阳.mp4”面板中打开，将播放滑块移至00:00:05:29位置并单击“标记入点”按钮，将播放滑块移至00:00:08:21位置并单击“标记出点”按钮，然后单击“源：夕阳.mp4”面板底部的“覆盖”按钮，如图 2-24所示。

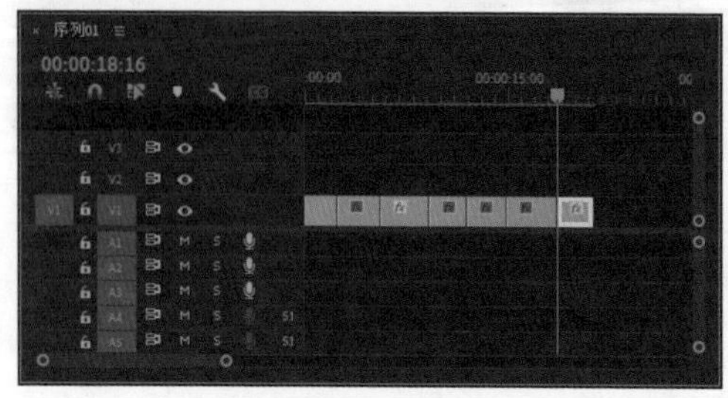

图2-23

图2-24

步骤 08 “夕阳.mp4”素材被插到时间线的后方，同时，原本位于时间线后方的“落日.mp4”素材被“夕阳.mp4”素材覆盖，如图 2-25所示。

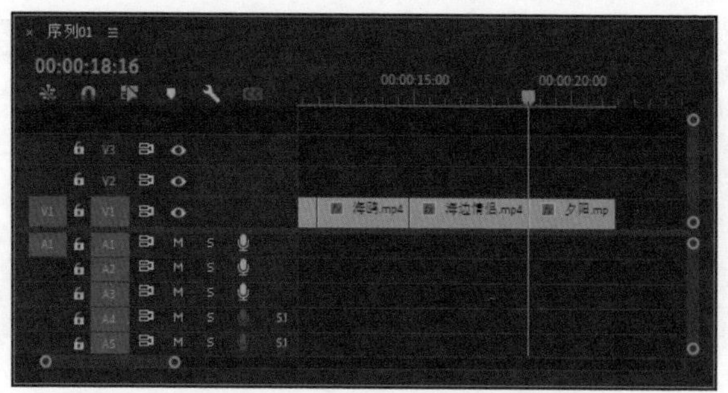

图2-25

提示

在“时间轴”面板中，按方向键可以快速调整时间线所在素材的起始位置与结尾位置，按←键表示向左移动，按→键表示向右移动。

2.4 提升和提取 春天万物生长

执行“提升”或“提取”命令，可以在“时间轴”面板中轻松移除素材片段。执行“提升”命令，会在“时间轴”面板中移除一个素材片段，然后在已移除素材的地方留下一个空白区域；执行“提取”命令，会移除素材的一部分，然后素材后面的帧会前移，补上删除部分的空缺，因此不会有空白区域。下面将详细介绍使用“提升”和“提取”命令快速删除序列标记的素材片段的方法。案例效果如图 2-26所示。

图2-26

步骤 01 启动Premiere Pro软件，在菜单栏中执行“文件→打开项目”命令，打开路径文件夹中的“提升与提取.prproj”文件。

步骤 02 “时间轴”面板中添加的素材如图 2-27所示。

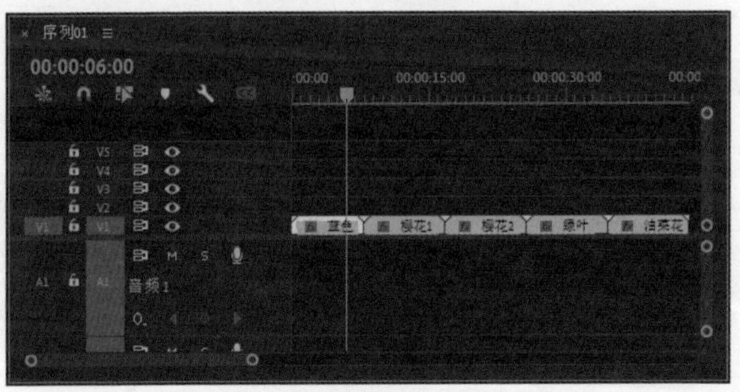

图2-27

步骤 03 在“时间轴”面板中，将时间线移至00:00:16:23位置，然后按I键标记入点，如图 2-28所示；将时间线移至00:00:25:20位置，然后按O键标记出点，如图 2-29所示。

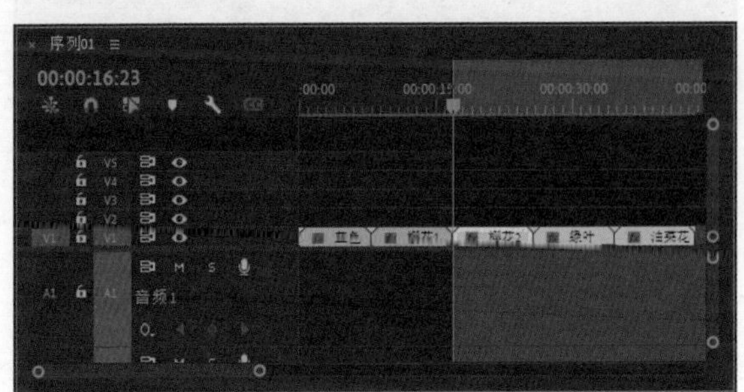

图2-28

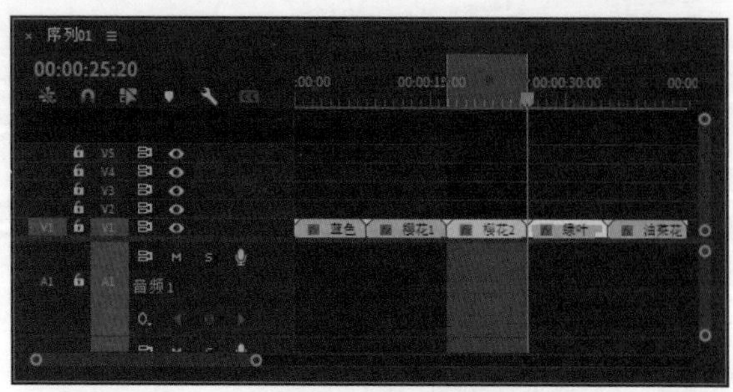

图2-29

步骤04 标记好片段的入点和出点后，在菜单栏中执行“序列→提升”命令，如图2-30所示，或者在“节目：序列01”面板中单击“提升”按钮，如图2-31所示。

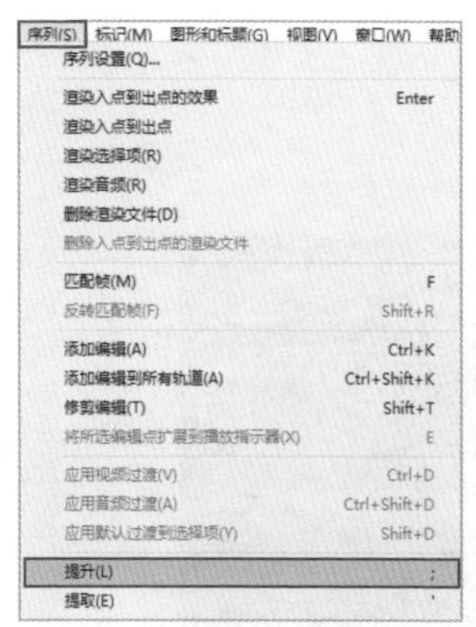

图2-30

图2-31

步骤05 “时间轴”面板的视频轨道中留出了一个空白区域，如图2-32所示。

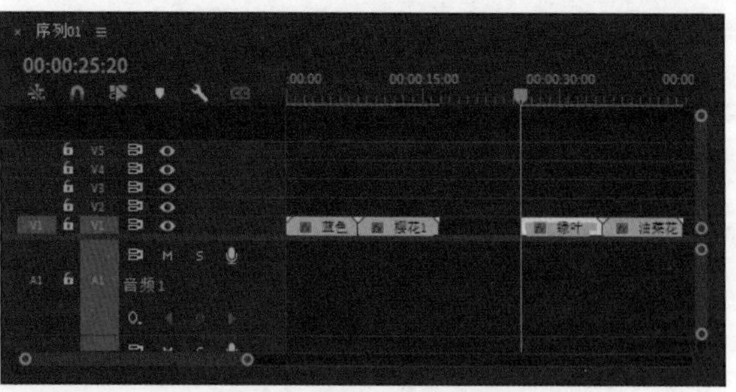

图2-32

步骤06 在菜单栏中执行“编辑→撤销”命令，撤销“提升”编辑操作，使素材回到执行“提升”命令前的状态。

步骤07 在菜单栏中执行“序列→提取”命令，或者在“节目：序列01”面板中单击“提取”按钮，完成“提取”编辑操作。此时入点和出点之间的素材被移除，并且出点之后的素材向前移动，视频轨道中没有留下空白区域，如图2-33所示。

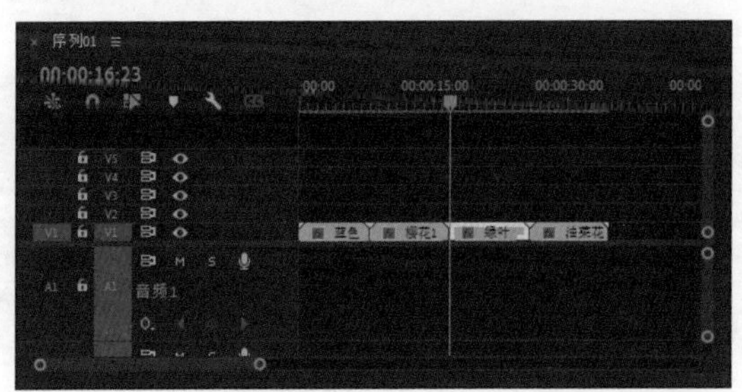

图2-33

2.5 分割与删除素材片段

分割素材是Premiere Pro中的一项基本操作。通过分割素材操作，可将一个素材拆分为多个部分，并可以对分割得到的片段进行删除、移动等操作。在剪辑时，一般会搭配“剃刀工具”将废弃的片段删除。选中需要删除的素材片段，按Delete键或执行“清除”命令即可将该素材片段删除。下面将详细介绍使用分割与删除的方法制作抽帧视频效果的具体操作，案例效果如图2-34所示。

图2-34

步骤 01 启动Premiere Pro软件，在菜单栏中执行“文件→打开项目”命令，打开路径文件夹中的“分割与删除.prproj”文件。

步骤 02 在“项目：分割与删除”面板中，依次将“公园步道.mp4”“向日葵花海.mp4”“油菜花.mp4”“樱花.mp4”视频素材拖曳到V1轨道上，将“音乐.mp3”素材拖曳到A1轨道上，如图2-35所示。

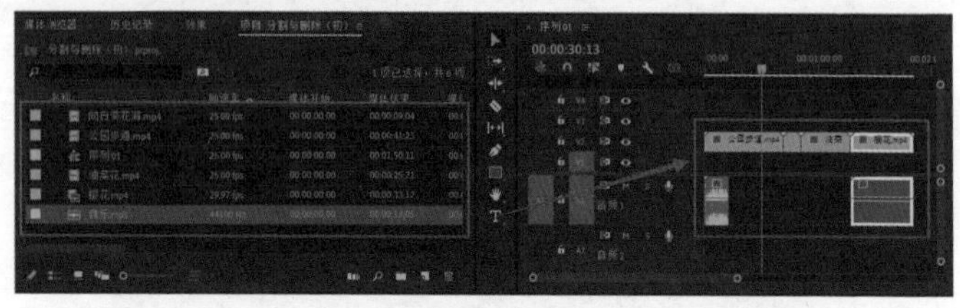

图2-35

步骤 03 选中V1轨道上的“樱花.mp4”素材并右击，在弹出的快捷菜单中执行“取消链接”命令，如图2-36所示。选中A1轨道上的“樱花.mp4”素材下的音频，按Delete键将其删除，如图2-37所示。

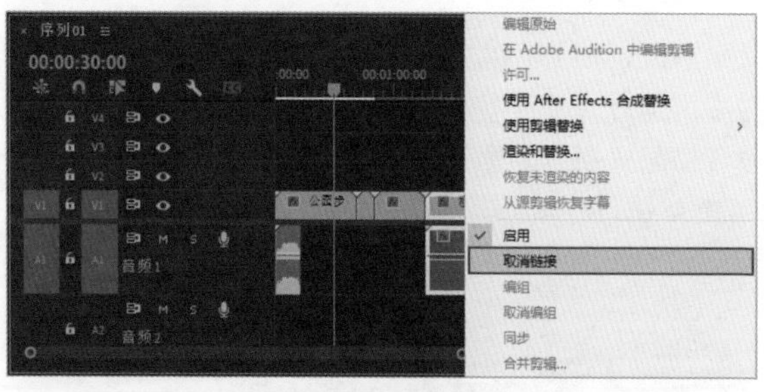

图2-36

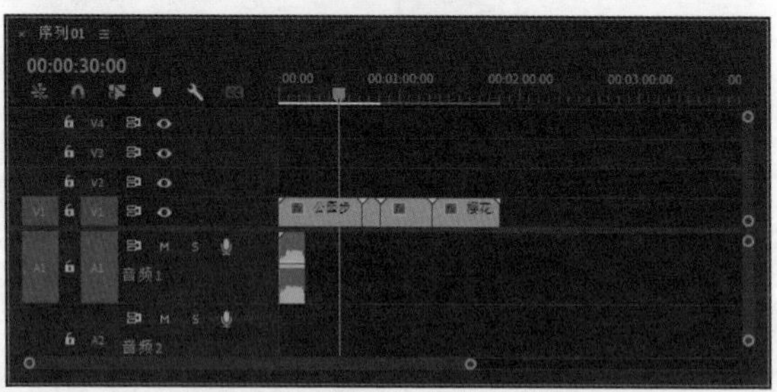

图2-37

步骤 04 将时间线拖曳至起始帧位置，单击“播放-停止切换”按钮▶或者按空格键聆听音频，在节奏强烈的位置按M键快速添加标记，直到音频结束。这里一共添加了25个标记，如图2-38所示。

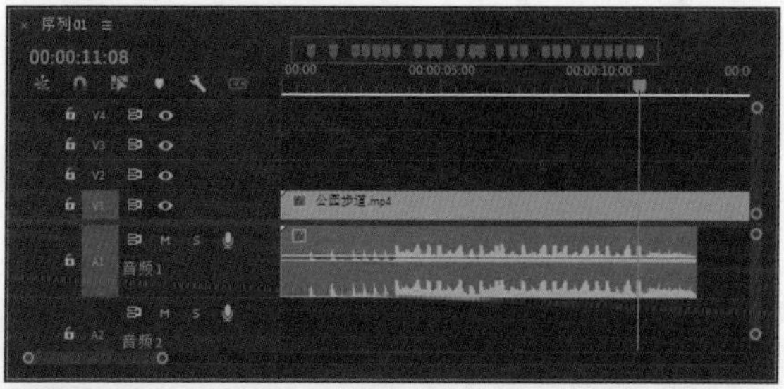

图2-38

步骤05 按快捷键C，切换到“剃刀工具”，对4段视频素材进行分割，如图2-39所示。

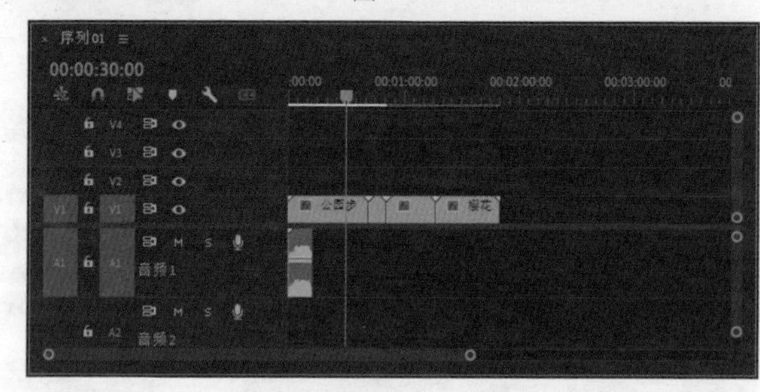

图2-39

步骤06 按快捷键V，切换到“选择工具”，选中V1轨道上的第二段素材，将它向左拖曳到第一个标记的位置，如图2-40所示。使用同样的方法拖曳其他素材，最终效果如图2-41所示。

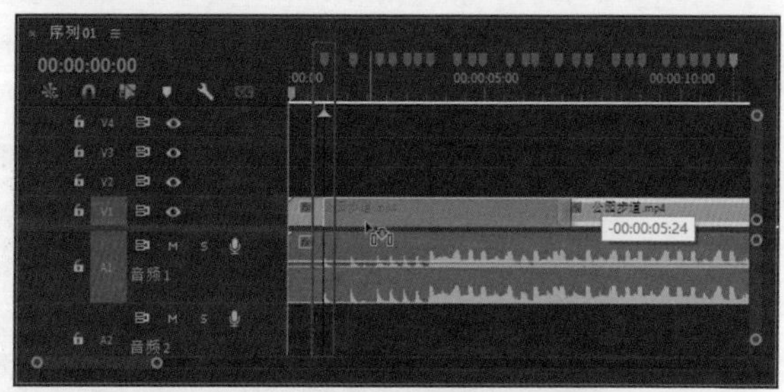

图2-40

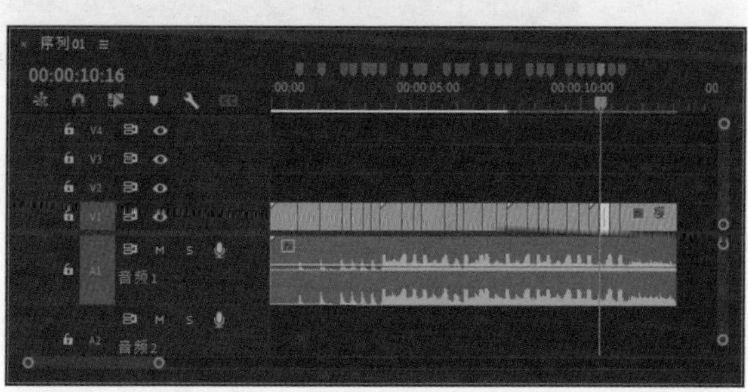

图2-41

提示

按Ctrl+Shift+K快捷键，可对所有轨道的素材进行分割。

2.6 调整素材位置 花中四君子

在视频编辑过程中，经常需要调整素材的顺序，以实现更好的逻辑性。在Premiere Pro中，可利用快捷键快速调整素材位置。下面将详细介绍调整素材位置的具体方法，案例效果如图2-42所示。

图2-42

步骤 01 启动Premiere Pro软件，在菜单栏中执行“文件→打开项目”命令，打开路径文件夹中的“调整素材位置.prproj”文件。

步骤 02 可以看到“时间轴”面板中添加了素材，如图2-43所示。

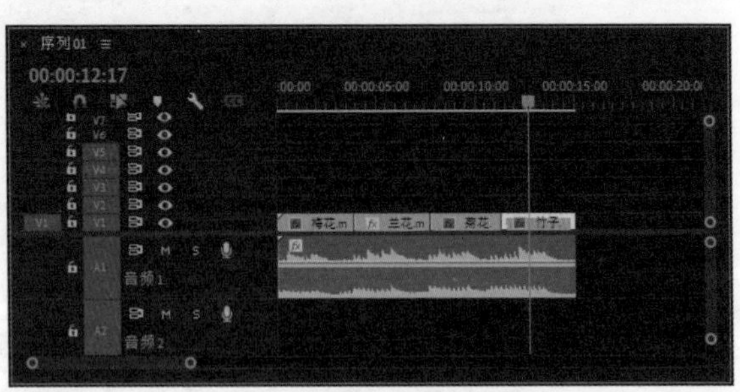

图2-43

步骤 03 在按住Alt+Ctrl组合键的同时，选中“竹子.mp4”素材，按住鼠标左键将其拖曳至“菊花.mp4”素材的前面，如图2-44所示，即可调换“竹子.mp4”素材与“菊花.mp4”素材的位置。

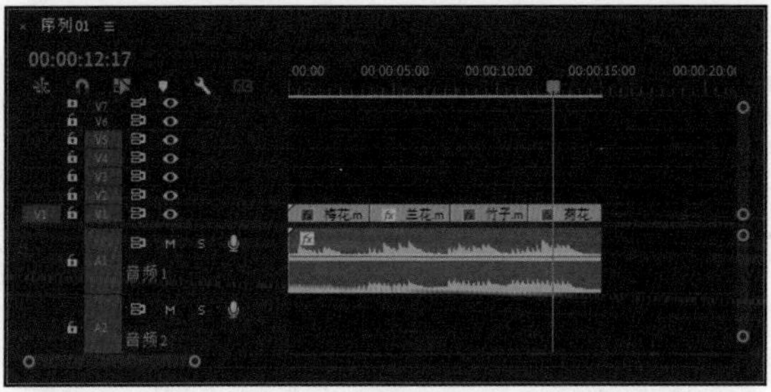

图 2-44

第 3 章

使用动感音频
增加视频节奏感

一部完整的视频作品通常包括图像和声音。声音在影视作品中可以起到烘托、渲染气氛和增强感染力等作用。Premiere Pro 具有完善的音频编辑功能，其“效果”面板的“音频效果”卷展栏中提供了大量的音频效果，可以充分满足用户的编辑需要。本章将向读者介绍一些常用的音频处理方法与技巧，读者掌握这些方法与技巧后，可以配合视频画面增加视频的节奏感。

3.1 导入音频文件 春日鸟语

在编辑视频之前，要先在“项目”面板中导入素材文件。下面将详细介绍导入音频文件的操作方法。

步骤 01 启动Premiere Pro软件，在菜单栏中执行“文件→打开项目”命令，打开路径文件夹中的“导入音频文件.prproj”文件。

图3-1

步骤 02 双击“项目：导入音频文件”面板的空白区域，在弹出的“导入”对话框中选中“大自然鸟儿清晨春天.wav”音频素材，单击“打开”按钮，如图3-1所示。执行操作后可以在“项目：导入音频文件”面板中看到刚刚导入的音频素材“大自然鸟儿清晨春天.wav”，如图3-2所示。

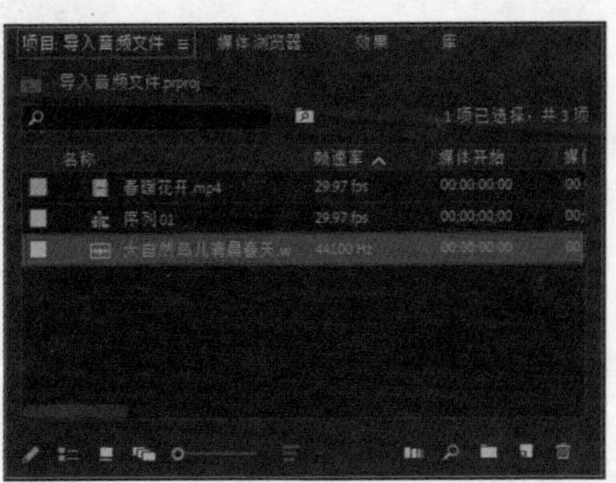

图3-2

步骤 03 按住鼠标左键将“项目：导入音频文件”面板中的“大自然鸟儿清晨春天.wav”音频素材拖曳到“时间轴”面板中的A1轨道上，如图3-3所示。

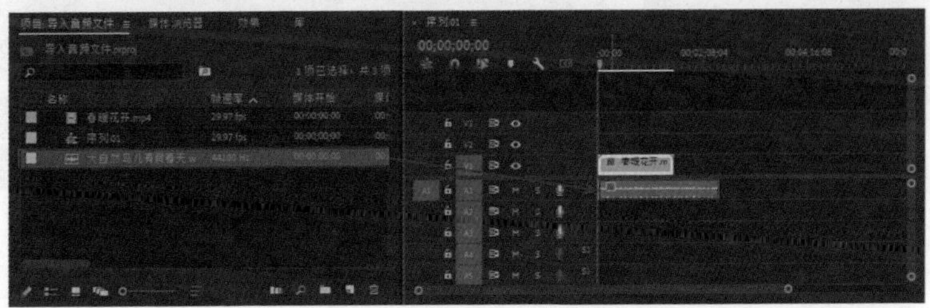

图3-3

3.2 编辑音频文件 夏日蝉鸣

通常在加快视频播放速度后，音频部分的音调也会跟着发生变化。使用“音高换档器”效果对加速后的音频进行处理，可以使播放速度改变后音调不产生变化。下面将介绍具体的操作方法。

步骤 01 启动Premiere Pro软件，在菜单栏中执行“文件→打开项目”命令，打开路径文件夹中的“编辑音频文件.prproj”文件。

步骤 02 可以看到“时间轴”面板中添加了素材，如图 3-4 所示。

图 3-4

步骤 03 选中“时间轴”面板中的“音乐.wav”音频素材并右击，在弹出的快捷菜单中执行“速度/持续时间”命令，如图 3-5 所示。

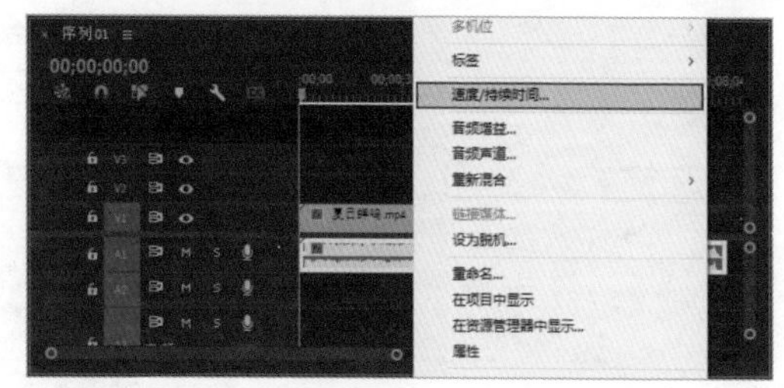

图 3-5

步骤 04 弹出“剪辑速度/持续时间”对话框，设置“速度”参数为160%，单击“确定”按钮，如图 3-6 所示。可以看到音频素材的长度明显缩短了，如图 3-7 所示。

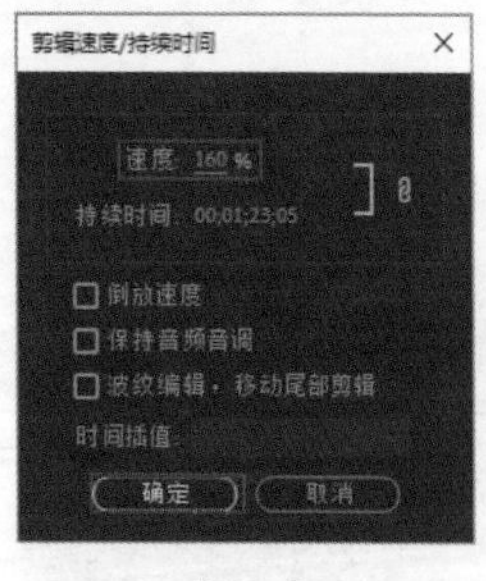

图 3-6

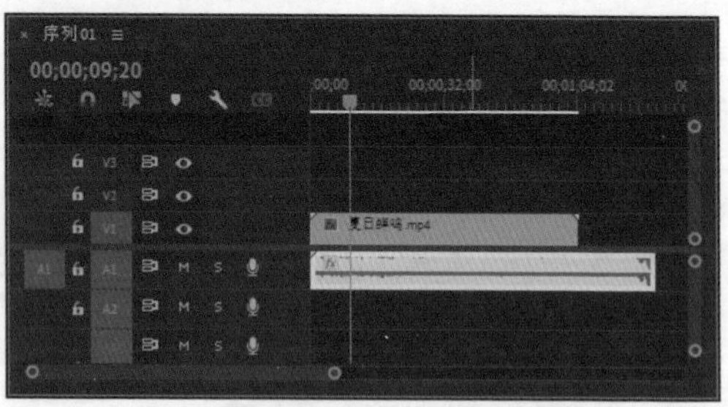

图 3-7

提示

在进行上面的操作时，不要勾选“保持音频音调”复选框。即使勾选该复选框，加速的音频的音调仍然会改变。

步骤 05 在“时间轴”面板中选中“夏日蝉鸣.mp4”视频素材，然后在“工具”面板中单击“比率拉伸工具”按钮，将视频素材延长，使之与下方的音频素材长度一致，如图 3-8 所示。

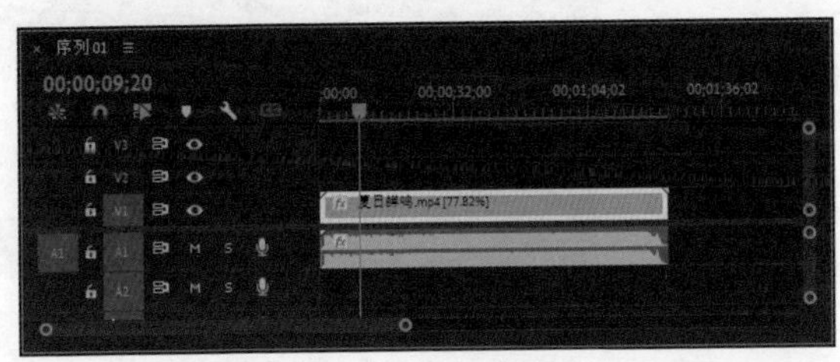

图 3-8

步骤 06 在“效果”面板中搜索“音高换档器”效果，将该效果拖曳至A1轨道的“音乐.wav”素材上，如图 3-9 所示。

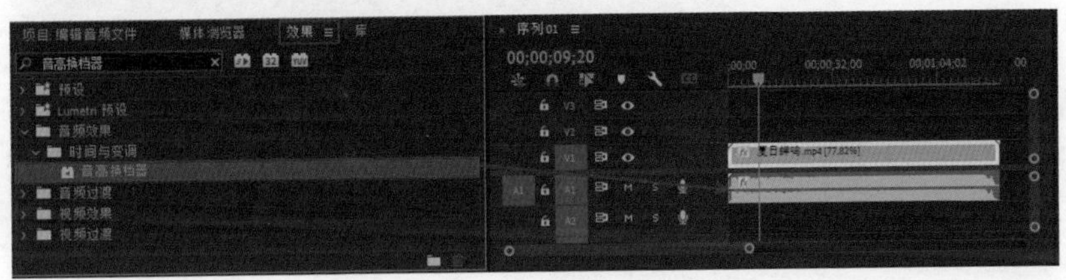

图 3-9

步骤 07 在“效果控件”面板中单击“编辑”按钮，如图 3-10 所示，在弹出的对话框中设置“比率”参数为0.5000，设置“精度”为“高精度”，并勾选“使用相应的默认设置”复选框，如图 3-11 所示。

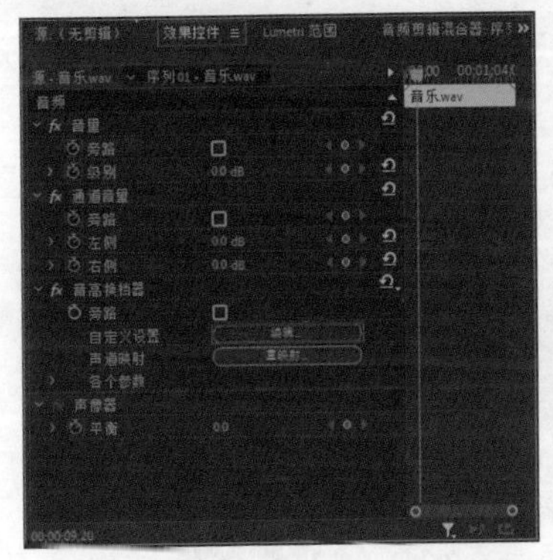

图 3-10

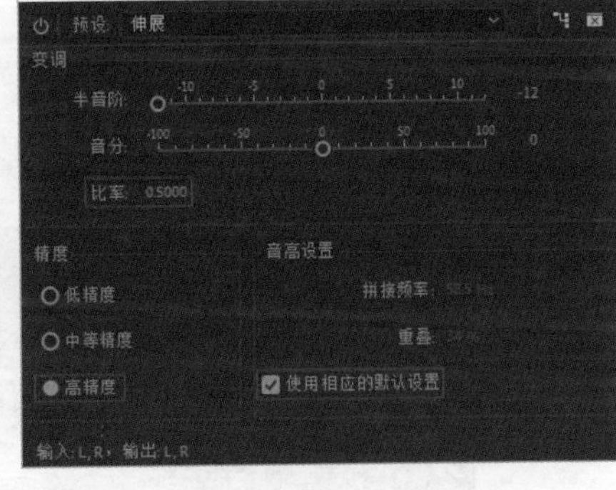

图 3-11

步骤 08 关闭对话框，然后按空格键播放音频，可以听到音频的音调没有发生变化，只是节奏加快了。

步骤09 选中A1轨道的“音乐.wav”音频素材，双击A1轨道左侧的空白区域，可以显示音频的关键帧区域，效果如图3-12所示。在“工具”面板中单击“选择工具”按钮▶，向下拖曳中间的线段，使整个区域音量变小，“调整增益值”参数为-10.0dB，如图3-13所示。

图3-12

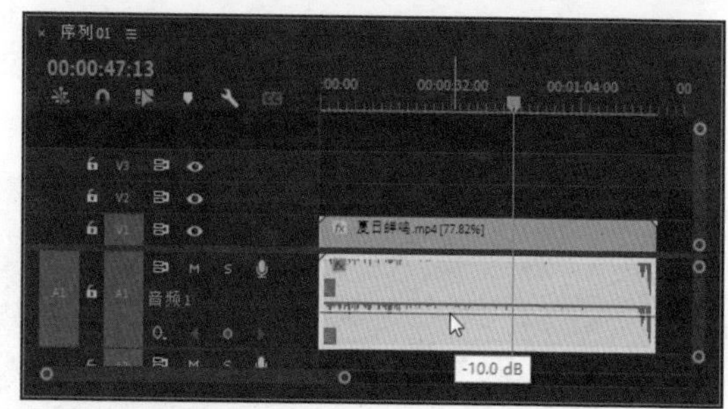

图3-13

3.3 声音淡化效果 歌手献唱

一段音乐开始时突然声音增大或结束时突然没有声音，会给人一种突兀的感觉。此时，可以使用“效果控件”面板中的“级别”参数为音频添加关键帧，制作一种缓入缓出的效果，使音频的开头和结尾都更加自然。

步骤01 启动Premiere Pro软件，在菜单栏中执行“文件→打开项目”命令，打开路径文件夹中的“声音淡化效果.prproj”文件。

步骤02 可以看到“时间轴”面板中添加了素材，如图3-14所示。

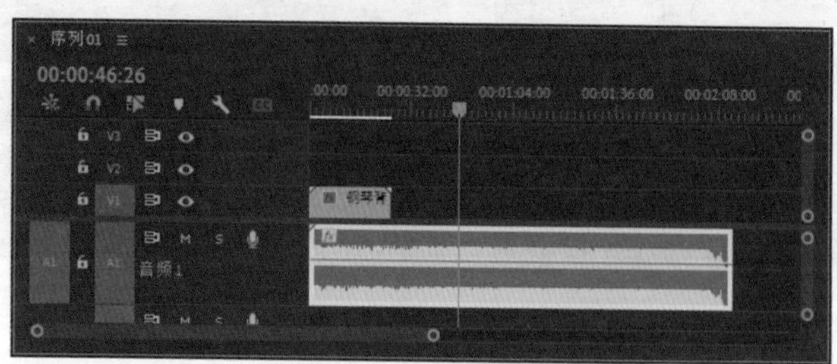

图3-14

步骤 03 将时间线移至00:01:05:27位置，在“工具”面板中单击“剃刀工具”按钮，在时间线处对音频进行裁剪，如图3-15所示。

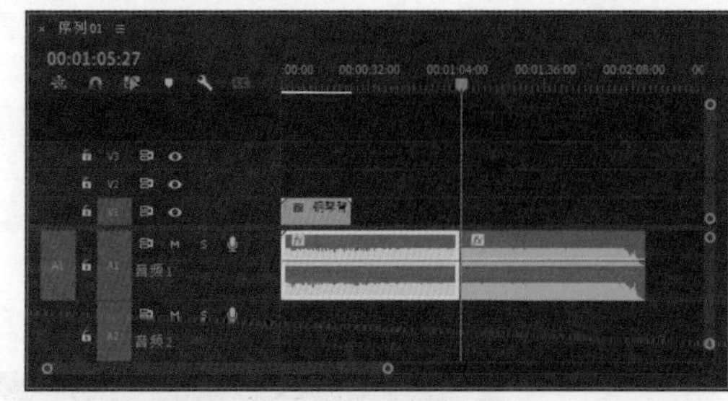

图3-15

步骤 04 按快捷键V，切换到“选择工具”，选中时间线前方的音频，按Delete键将其删除，然后将时间线后方的音频向前移动，接着裁剪并删除多余的音频，使视频、音频素材的长度一致，如图3-16所示。

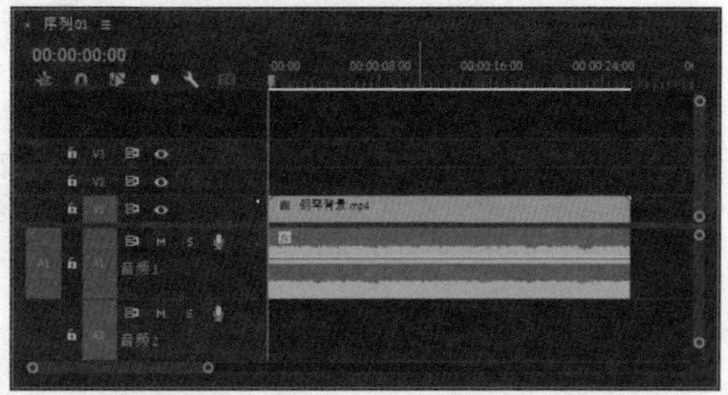

图3-16

步骤 05 在“时间轴”面板中选中A1轨道的“音乐.wav”素材，移动时间线，分别在00:00:01:00和00:00:25:00位置，在“效果控件”面板中单击“级别”左侧的“切换动画”按钮，开启自动关键帧，使其保持原有声音大小，如图3-17所示。

图3-17

步骤 06 在“时间轴”面板中，将时间线移至“音乐.wav”素材的起始位置，在“效果控件”面板中设置“级别”参数为–999.0dB，如图3-18所示。将时间线移至“音乐.wav”素材的结尾位置，设置“级别”参数为–999.0dB。这时播放音频，就能听到音频有声音从小到大和从大到小的变化，这样就不会显得突兀了。

图3-18

3.4 调节音频增益 厨房做菜

在编辑视频的过程中，音频声音过大或过小都会影响音频的效果。下面将详细讲解使用“音频增益”命令调节音频声音大小的操作方法。

步骤 01 启动Premiere Pro软件，在菜单栏中执行“文件→打开项目”命令，打开路径文件夹中的“调节.prproj”文件。

步骤 02 可以看到“时间轴”面板中添加了素材，如图 3-19所示。

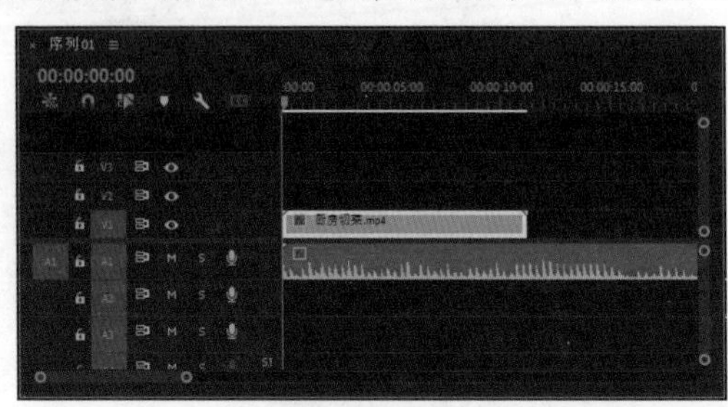

图 3-19

步骤 03 将时间线移至00:00:08:18位置，按快捷键C，切换到“剃刀工具”，在时间线处裁剪音频与视频素材。按快捷键V，切换到“选择工具”，然后全选时间线后面的素材，按Delete键将其删除，效果如图 3-20所示。

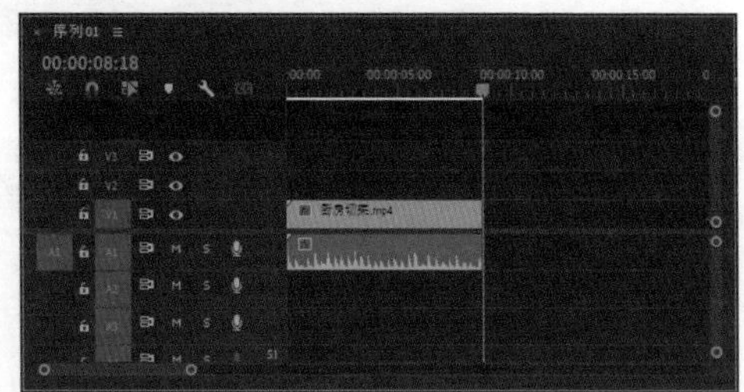

图 3-20

步骤 04 在“时间轴”面板中选中A1轨道的“厨房切菜剁碎音效.wav”音频素材并右击，在弹出的快捷菜单中执行“音频增益”命令，如图 3-21所示。在弹出的“音频增益”对话框中设置“调整增益值”参数为6dB，单击“确定”按钮，如图 3-22所示，将音频的音量调高。

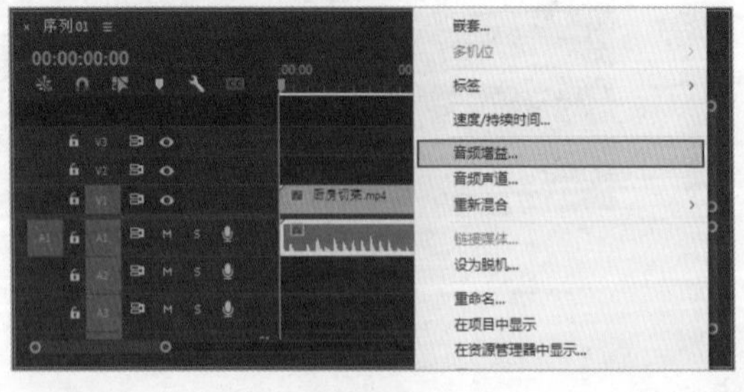

图 3-21

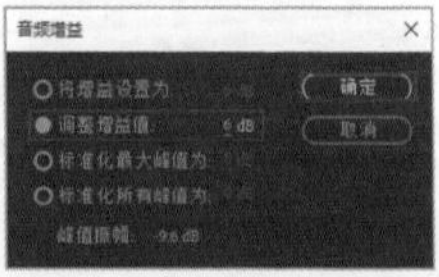

图 3-22

步骤 05 在“时间轴”面板中选中A1轨道的“厨房切菜剁碎音效.wav”音频素材，在菜单栏中执行“剪辑→音频选项→音频增益”命令（快捷键G），如图 3-23 所示。在弹出的“音频增益”对话框中设置“调整增益值”参数为–6dB，单击“确定”按钮，如图 3-24 所示，将音频的音量调低。

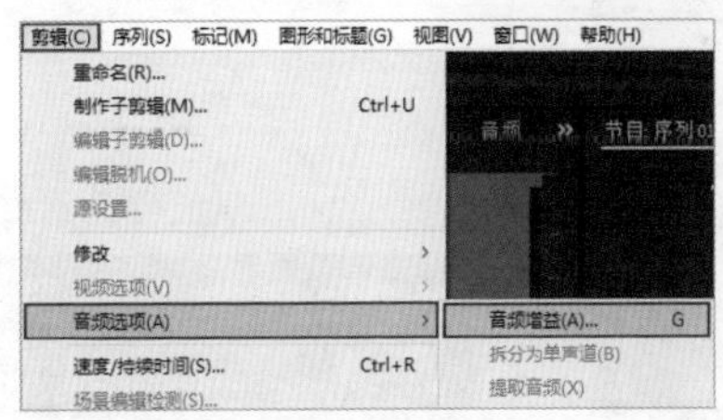

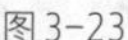
图3-23

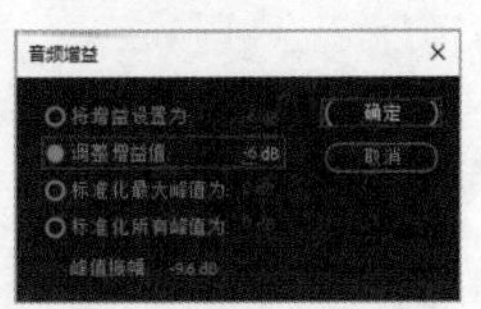

图3-24

3.5 调节音量大小 平地惊雷

在常规思维中，要调高或调低音频的音量，最直接的方法是调整音频增益值，而这种方法很容易让音频失真。但使用“强制限幅”效果可以在不失真的情况下降低音频音量。下面将详细介绍使用“强制限幅”效果调节音量的操作方法。

步骤 01 启动Premiere Pro软件，在菜单栏中执行“文件→打开项目”命令，打开路径文件夹中的“调节音量大小.prproj”文件。

步骤 02 可以看到“时间轴”面板中添加了素材，如图 3-25 所示。

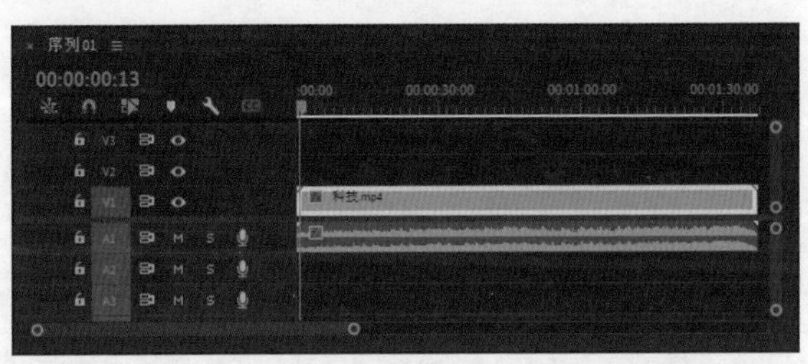

图3-25

步骤 03 按空格键播放音频，发现声音偏大。在“效果”面板中搜索“强制限幅”效果，将该效果拖曳至A1轨道的音频素材上，如图 3-26 所示。

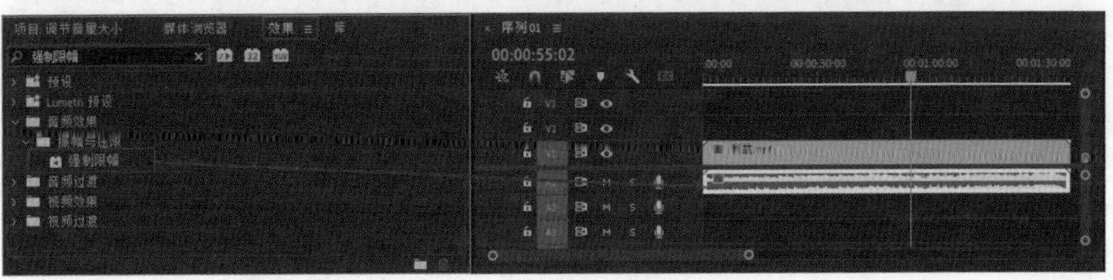

图3-26

步骤 04 在“效果控件”面板中单击“编辑”按钮，如图 3-27 所示。在弹出的对话框中设置“最大振幅”参数为 –4.0dB、“输入提升”参数为 –8.0dB，如图 3-28 所示，降低音频音量。

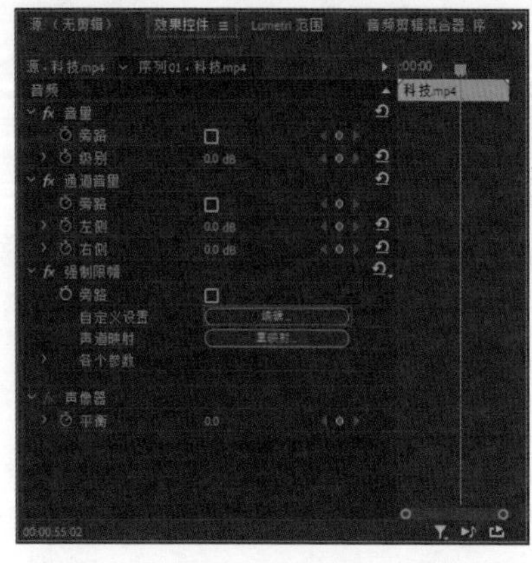

图 3-27

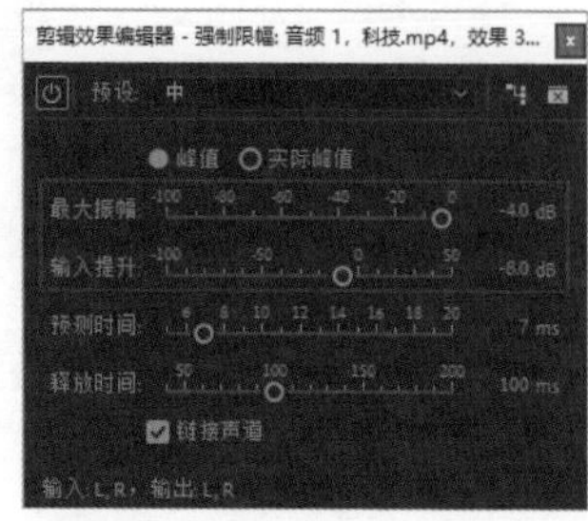

图 3-28

3.6 同步视频音频 直播卖货

在编辑视频的过程中，可能会使用多机位拍摄的素材。在 Premiere Pro 中，可以自动同步多机位素材的音频。下面将详细介绍通过执行“同步”命令来同步双机位素材音频的操作方法。

步骤 01 启动 Premiere Pro 软件，在菜单栏中执行“文件→打开项目”命令，打开路径文件夹中的“同步视频音频.prproj”文件。

步骤 02 分别将“项目：同步视频音频”面板中的“直播带货.mp4”“音频.mp3”素材文件拖曳至“时间轴”面板中，如图 3-29 所示。

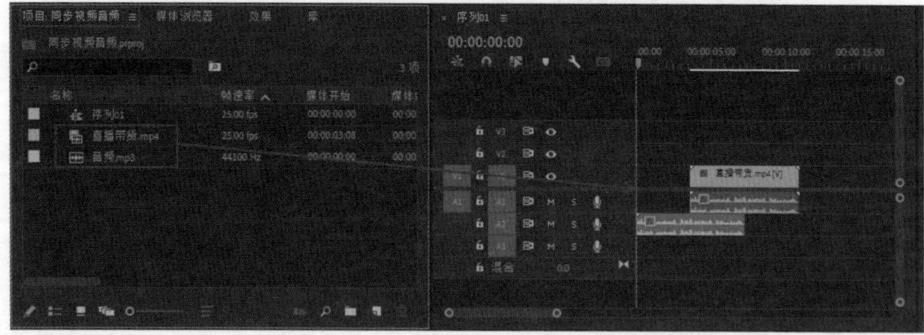

图 3-29

步骤 03 选中“时间轴”面板的所有素材文件并右击，在弹出的快捷菜单中执行“同步”命令，如图 3-30 所示。在弹出的“同步剪辑”对话框中，单击“确定”按钮，如图 3-31 所示。

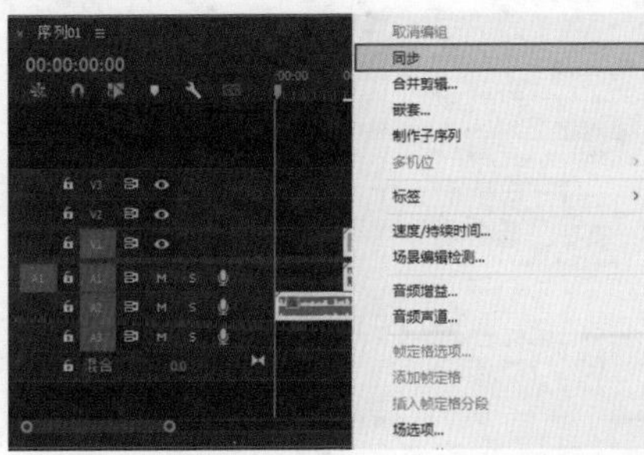

图 3-30

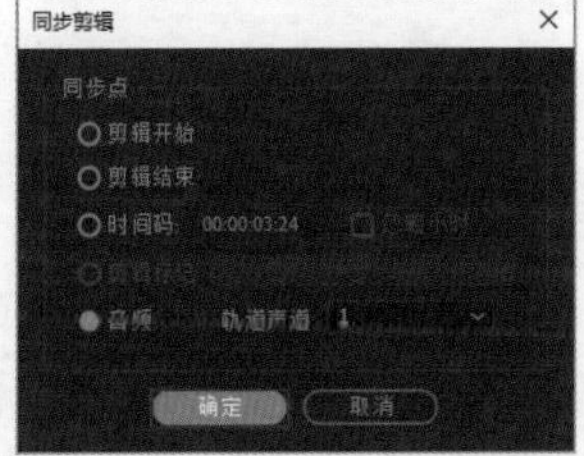

图 3-31

步骤 04 最终效果如图 3-32 所示。

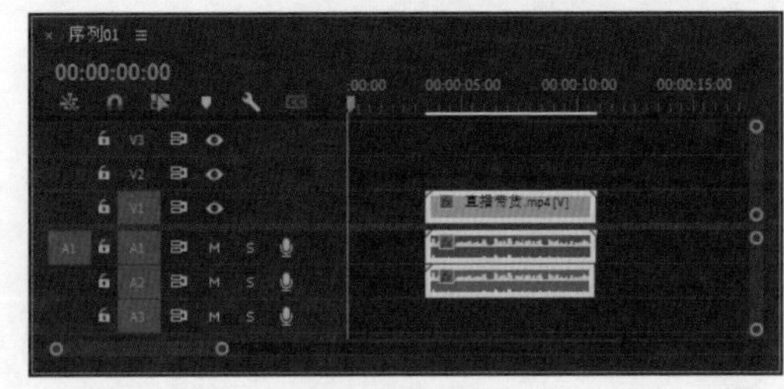

图 3-32

第 4 章

添加字幕
让视频图文并茂

添加字幕是视频编辑软件的一项基本功能。字幕除了可以帮助视频更好地展现相关内容信息外，还可以起到美化画面、表现创意的作用。Premiere Pro为用户提供了制作视频所需的大部分字幕功能，用户可以用其制作各类字幕，如闪光字幕、滚动字幕、纹理字幕等。

4.1 新建字幕 祖国大好河山

在Premiere Pro中，可以通过“工具”面板新建字幕。下面将详细讲解在“工具”面板中使用“文字工具”创建字幕的方法，案例效果如图4-1所示。

图4-1

步骤01 启动Premiere Pro软件，在菜单栏中执行“文件→打开项目”命令，将路径文件夹中的“新版字幕.prproj”文件打开。

步骤02 可以看到“时间轴”面板中已经添加了素材，如图4-2所示。在“节目：序列01”面板中可以预览当前素材的效果，如图4-3所示。

图4-2

图4-3

步骤03 在“工具”面板中单击“文字工具”按钮T，然后在“节目：序列01”面板中单击，出现红色的输入框，如图4-4所示。

步骤04 在输入框内输入需要展示的文字内容，如图4-5所示。

图4-4

图4-5

步骤05 在“工具”面板中单击“选择工具”按钮▶，之后可以在画面中移动、旋转和缩放文字。在“效果控件”面板中，可以设置文字的字体、字号、排列方式、颜色和阴影等相关属性，如图4-6所示。展开“源文本”下拉列表，选择“方正粗活意简体”选项，如图4-7所示。

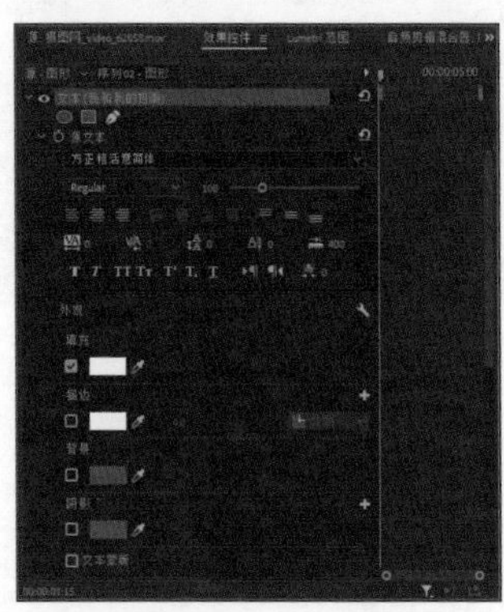
图4-6

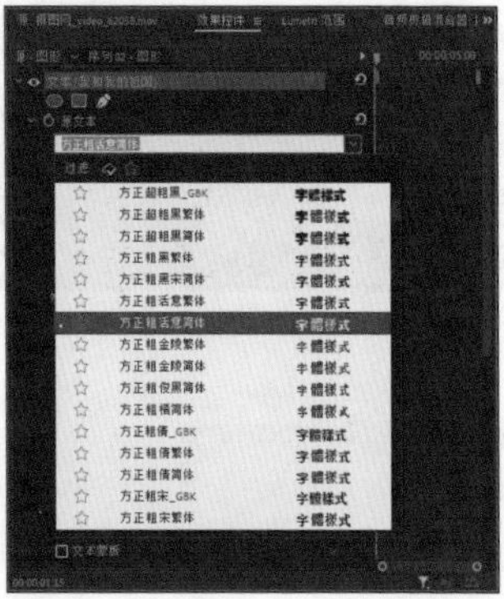

图4-7

步骤06 选择V3轨道的“我和我的祖国”文字素材，将其延长至与下方视频素材的长度一致，如图4-8所示。在“效果”面板中搜索“交叉溶解”效果，将该效果拖曳至V3轨道的“我和我的祖国”文字素材的起始位置和末尾位置，如图4-9所示。

图4-8

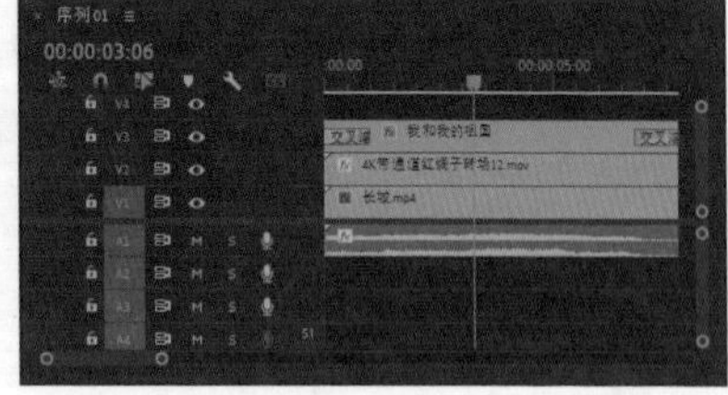

图4-9

提示

本章案例中所设置的文字参数仅作为参考，读者可根据自己的喜好设置“字体”“颜色”“字体大小”等参数。

4.2 闪光文字 男装新品上市

使用Premiere Pro中的“闪光灯”效果，可以为文字制作不同颜色的闪光，使字幕的视觉效果更加炫酷，案例效果如图4-10所示。

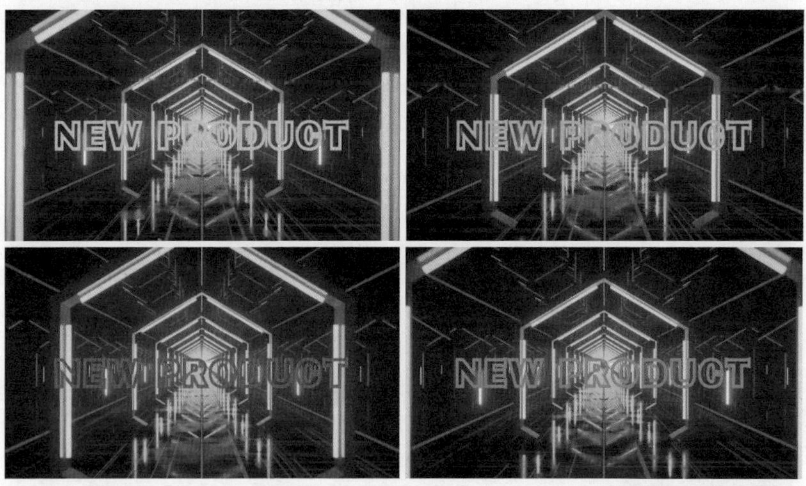

图4-10

步骤01 启动Premiere Pro软件，在菜单栏中执行“文件→打开项目”命令，将路径文件夹中的“闪光文字.prproj”文件打开。

步骤02 可以看到“时间轴”面板中添加了素材。

步骤03 在“工具”面板中单击“文字工具”按钮T，然后在“节目：序列01”面板中输入“NEW PRODUCT”文字，设置“字体”为“方正晶粗黑”、“字体大小”参数为91、“字符间距”参数为200，接着取消勾选“填充”复选框，再勾选“描边”复选框，设置“描边宽度”为10.0，如图4-11所示。字幕效果如图4-12所示。

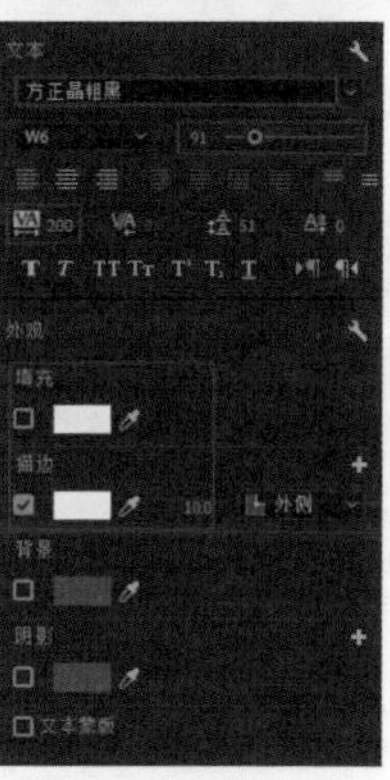

图4-11

图4-12

步骤 04 在“效果”面板中搜索“闪光灯”效果，将该效果拖曳至V2轨道的“NEW PRODUCT”文字素材上。将时间线移至00:00:00:00位置，设置“闪光色”为“黄色”，并单击“闪光色”左侧的“切换动画”按钮，生成关键帧，接着设置“闪光持续时间（秒）”为0.00，如图 4-13所示。

步骤 05 向右移动两帧，设置“闪光色”为“紫色”，如图 4-14所示。

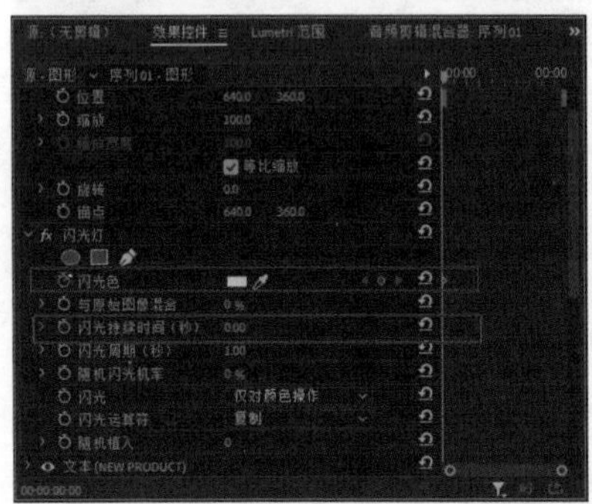

图4-13

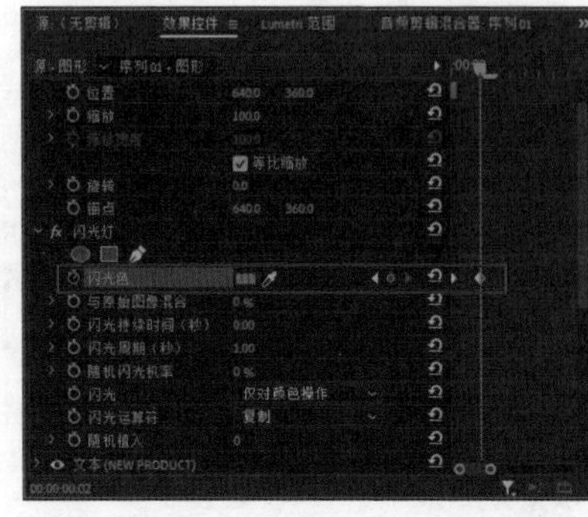

图4-14

步骤 06 参照上述操作方法设置“闪光色”，选中“闪光色”参数的所有关键帧，如图 4-15所示；按快捷键Ctrl+C复制，再按快捷键Ctrl+V粘贴，向后复制几组，如图 4-16所示。

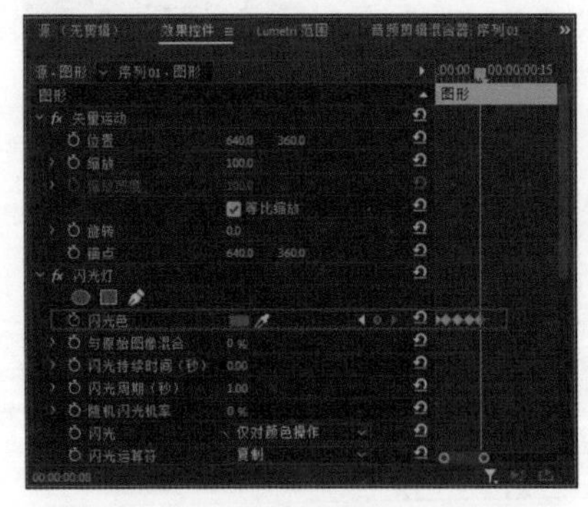

图4-15

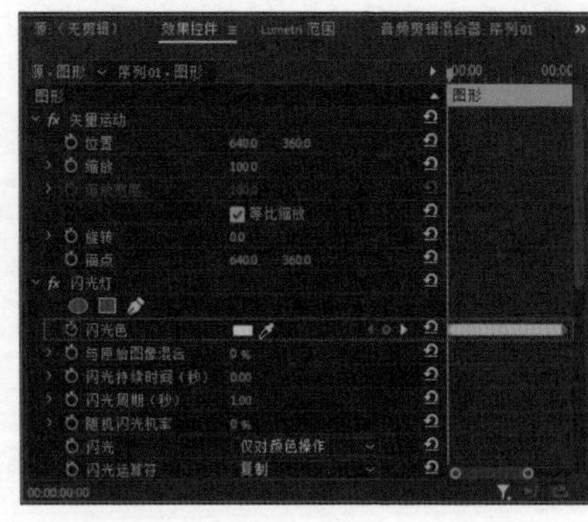

图4-16

步骤 07 将时间线移至00:00:05:00位置，在“工具”面板中单击“剃刀工具”按钮，在时间线处对视频和音频进行裁剪，删除时间线后的素材，效果如图 4-17所示。

步骤 08 在“效果”面板中搜索“指数淡化”效果，将该效果拖曳至A1的轨道音频素材的起始位置和末尾位置，如图 4-18所示。

图4-17

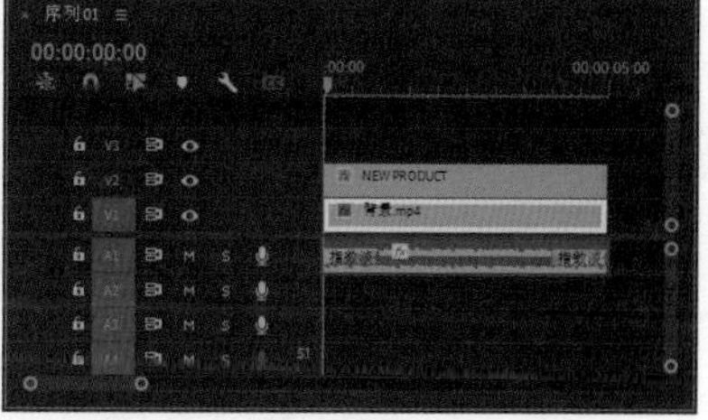

图4-18

提示

案例中选用的“闪光色”仅作为参考，读者可根据具体需求设置自己喜欢的颜色。

4.3 字幕溶解 茶室宣传视频

在Premiere Pro中，使用“粗糙边缘”效果可以制作出文字逐渐溶解的效果。下面将介绍为茶室宣传视频制作溶解字幕的操作方法，案例效果如图 4-19 所示。

图4-19

步骤 01 启动Premiere Pro软件，在菜单栏中执行“文件→打开项目”命令，将路径文件夹中的“字幕溶解.prproj”文件打开。

步骤 02 可以看到“时间轴”面板中添加了素材，如图 4-20 所示。在“节目：序列01”面板中可以预览当前素材的效果，如图 4-21 所示。

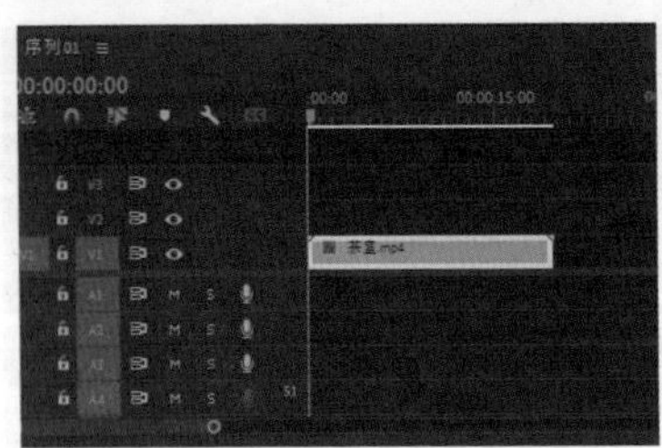

图 4-20

图 4-21

步骤 03 在“工具”面板中单击“文字工具”按钮T，然后在“节目：序列 01”面板中输入“茶余饭后”文字，并设置“字体”为“方正字迹-长江行书简体”，设置“字体大小”参数为 182，如图 4-22 所示。字幕效果如图 4-23 所示。

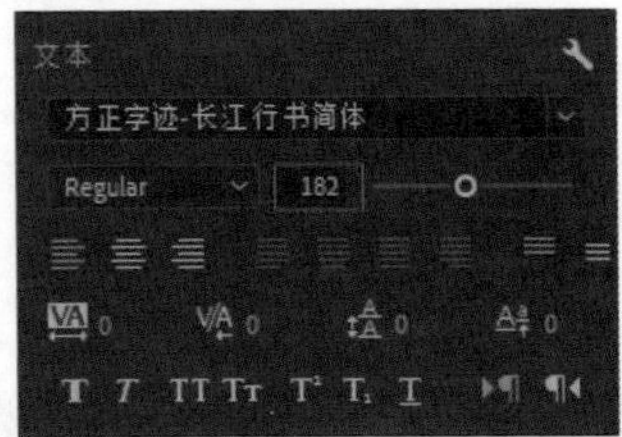

图 4-22

图 4-23

步骤 04 在“效果”面板中搜索“粗糙边缘”效果，将该效果拖曳至 V2 轨道的文字素材上。在“效果控件”面板中，单击“边框”左侧的“切换动画”按钮，设置“边框”参数为 300.00，如图 4-24 所示；将时间线移至 00:00:03:23 位置，设置“边框”参数为 0.00，如图 4-25 所示。

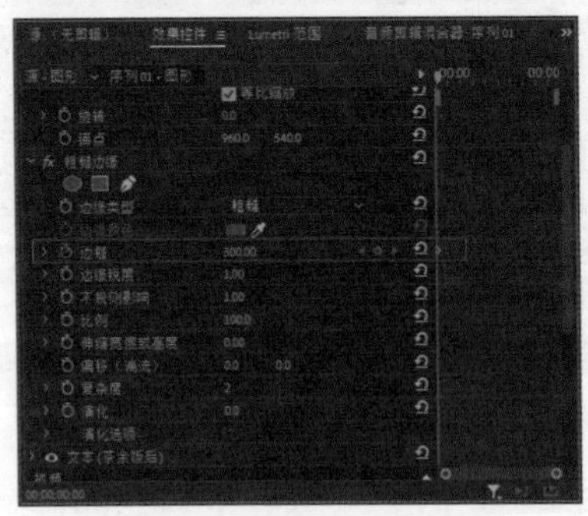

图 4-24

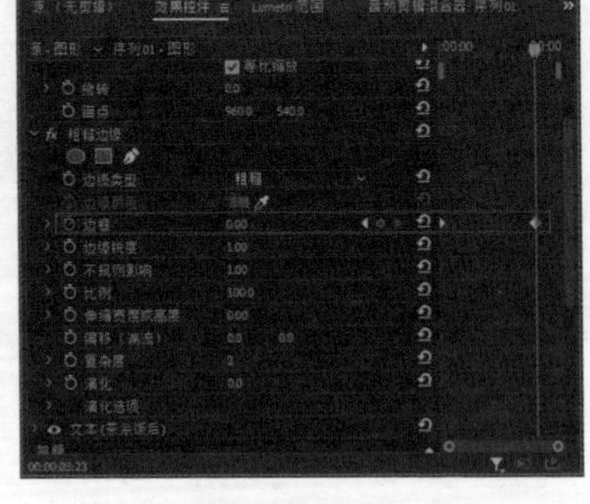

图 4-25

步骤 05 将时间线移至 00:00:06:20 位置，根据上述操作方法，为视频制作余下的字幕，如图 4-26 所示。

步骤 06 在“项目：字幕溶解”面板中选择“音乐.wav”素材文件，将其拖曳至“时间轴”面板的 A1 轨道上，并裁剪成合适的长度，如图 4-27 所示。

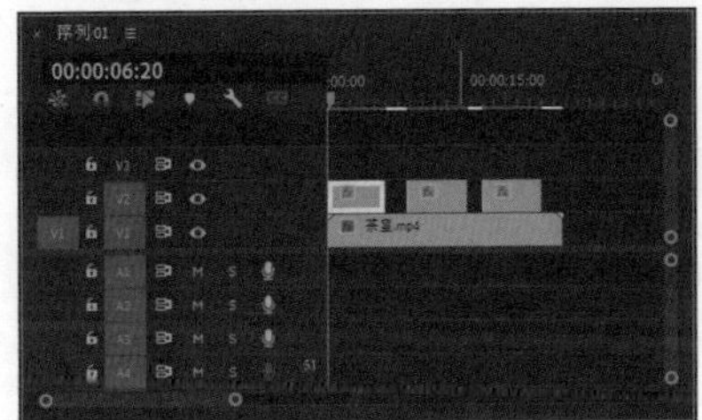

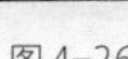

图4-26

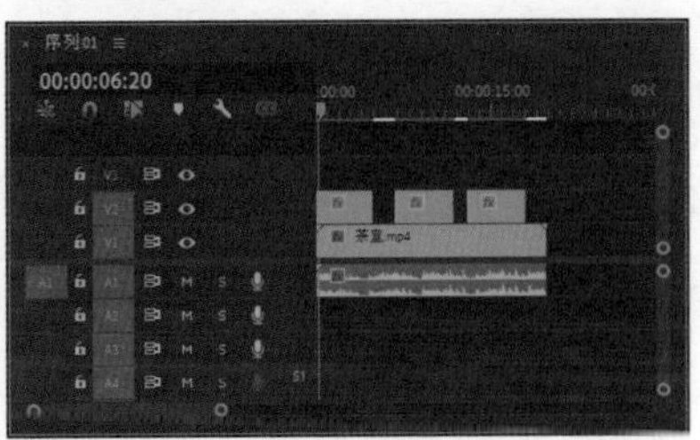

图4-27

4.4 滚动字幕 婚礼纪念短片

在影视作品的片尾，经常可以看到一种由下往上滚动的字幕，用来展示演职人员名单。下面将介绍这种片尾滚动字幕的制作方法，案例效果如图 4-28 所示。

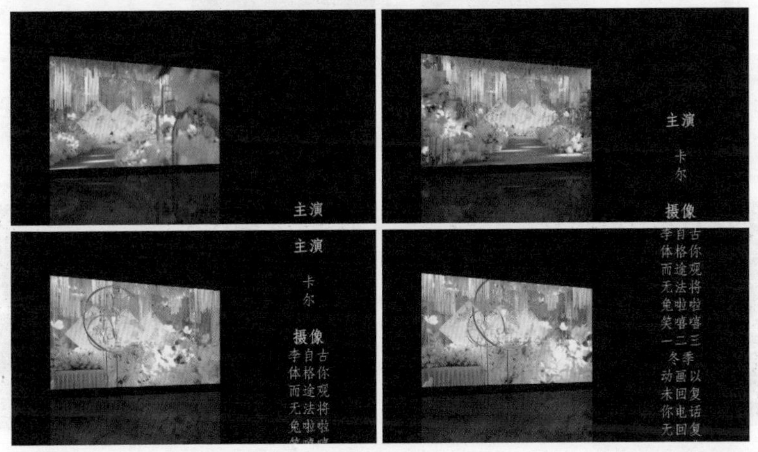

图4-28

步骤 01 启动Premiere Pro软件，在菜单栏中执行“文件→打开项目”命令，将路径文件夹中的“滚动字幕.prproj”文件打开。

步骤 02 可以看到“时间轴”面板中添加了素材，如图 4-29 所示。在“节目：序列 01”面板中可以预览当前素材的效果。

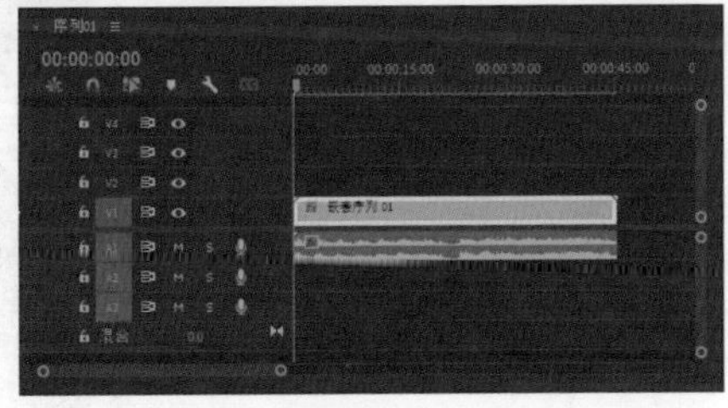

图4-29

步骤 03　在“工具”面板中单击“文字工具”按钮，然后在“节目：序列 01”面板中输入相关的文字内容，如图 4-30 所示。

图 4-30

步骤 04　在“基本图形”面板中，单击“居中对齐文本”按钮，如图 4-31 所示。设置“切换动画的位置”参数为 1043.5 和 63.2，如图 4-32 所示。

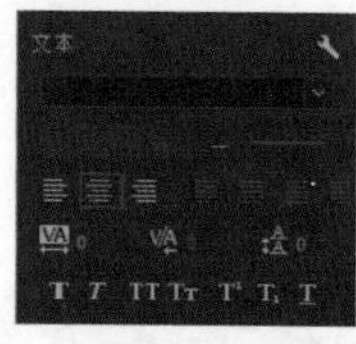

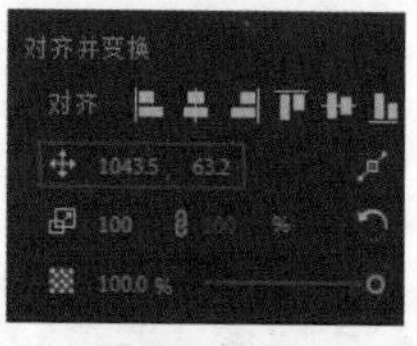

图 4-31　　图 4-32

步骤 05　设置所有的文字字体为“方正仿宋_GBK”，效果如图 4-33 所示。

步骤 06　选择“主演”“摄像”标题文字并将其加粗，设置“字体大小”参数为 55，效果如图 4-34 所示。

图 4-33

图 4-34

步骤 07　选择 V2 轨道的字幕素材，单击“节目：序列 01”面板的空白处，在“基本图形”面板中勾选“滚动”复选框。此时，“节目：序列 01”面板中会出现一个滚动条，可根据需求设置“滚动”参数来控制播放速度，如图 4-35 所示。

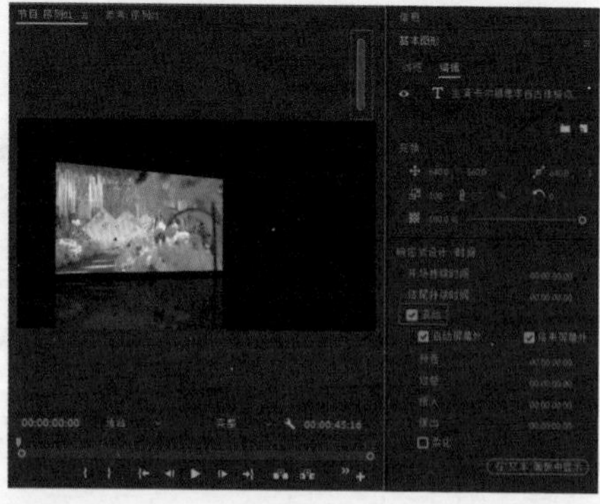

图 4-35

步骤 08 将V2轨道的字幕素材延长，使其末尾与V1轨道的“嵌套序列01”的末尾对齐，这样就控制了文字整体的滚动时间，如图4-36所示。

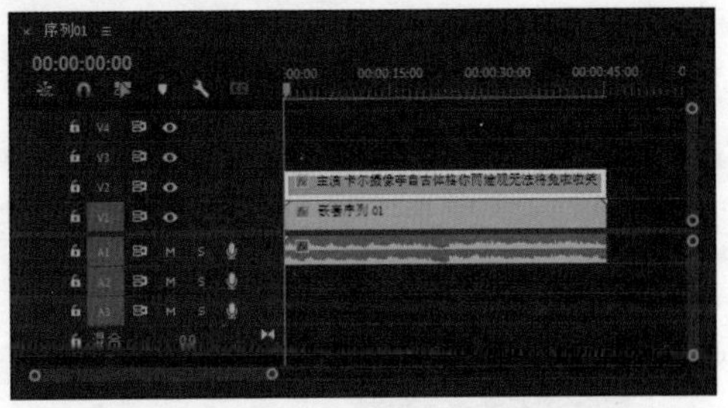

图4-36

提示

在输入文字内容时若需换行，可以按Enter键。段落文字被限制在文本框之内，并会在文本框的边缘处自动换行。

4.5 文字消散 企业宣传视频

在观看视频的时候，经常会看到视频片头出现一种文字消散效果，这种效果可以用Premiere Pro中的“湍流置换”效果来制作。下面将介绍文字消散效果的制作方法，案例效果如图4-37所示。

图4-37

步骤 01 启动Premiere Pro软件，在菜单栏中执行“文件→打开项目”命令，将路径文件夹中的“文字消散.prproj”文件打开。

步骤 02 可以看到“时间轴”面板中已经添加了素材，在“节目：序列01”面板中可以预览当前素材的效果。

步骤 03 在“工具”面板中单击“文字工具”按钮T，然后在“节目：序列 01”面板中输入“乘风破浪 梦想同行”文字。在“基本图形”面板中设置“字体”为“方正字迹-吕建德字体”，设置“填充”颜色为白色设置，“字体大小”参数为181，如图 4-38 所示，字幕效果如图 4-39 所示。

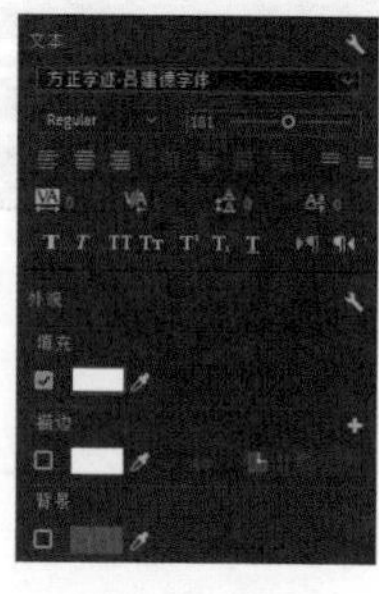

图 4-38

图 4-39

步骤 04 在“项目：文字消散”面板中，将“金属遮罩.mov”素材拖曳至“时间轴”面板的V4轨道上，如图 4-40 所示。

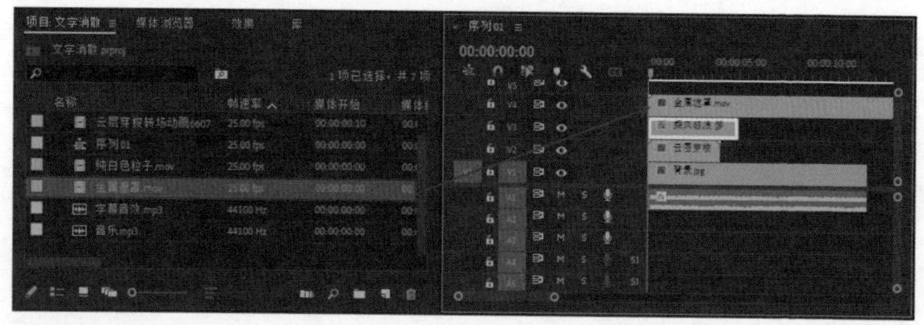

图 4-40

步骤 05 在“效果”面板中搜索“轨道遮罩键”效果，将该效果拖曳至V3轨道的字幕素材上。然后在“效果控件”面板中，设置“遮罩”为“视频4”，设置“合成方式”为“亮度遮罩”，如图 4-41 所示。全选V3和V4轨道上的素材并右击，在弹出的快捷菜单中执行“嵌套”命令，效果如图 4-42 所示。

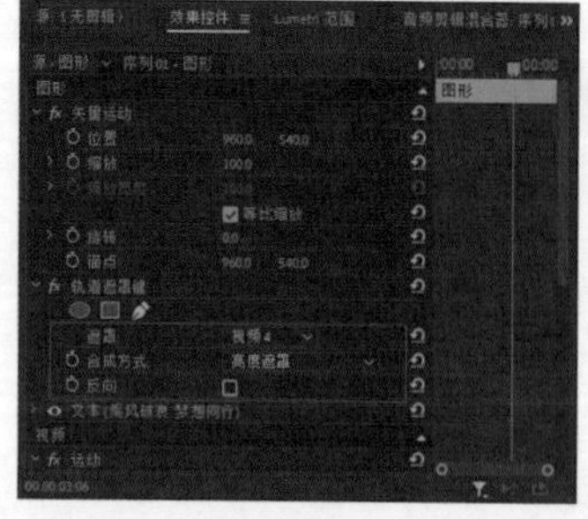

图 4-41

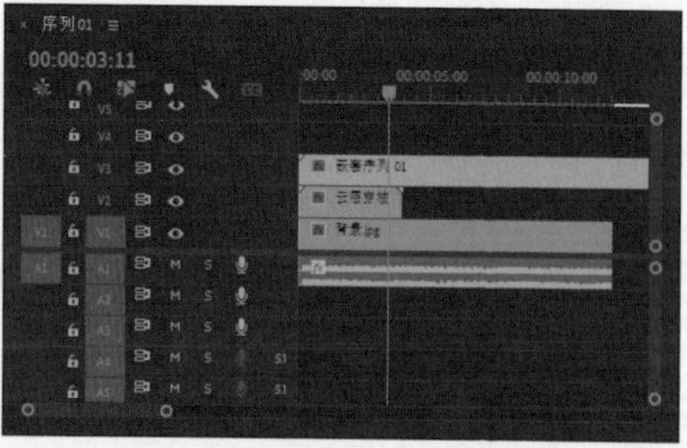

图 4-42

步骤 06 在“效果”面板中分别搜索“斜面Alpha”与“投影”效果并将效果拖曳至V3轨道的“嵌套序列01”上。在“效果控件”面板中，设置“边缘厚度”参数为3.00、“不透明度”参数为100%，如图 4-43所示。字幕效果如图 4-44所示。

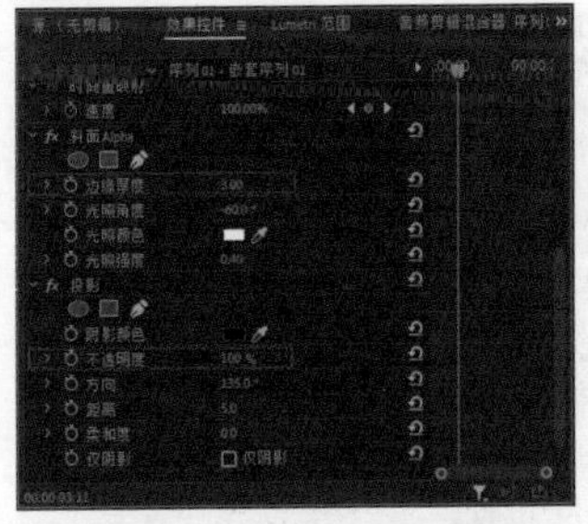

图4-43

图4-44

步骤 07 在“效果”面板中搜索“湍流置换”效果，将该效果拖曳至V3轨道的“嵌套序列01”上，设置“数量”参数为1000.0、“复杂度”参数为10.0，如图 4-45所示。此时，文字被分解为细小的粒子并消散，效果如图 4-46所示。

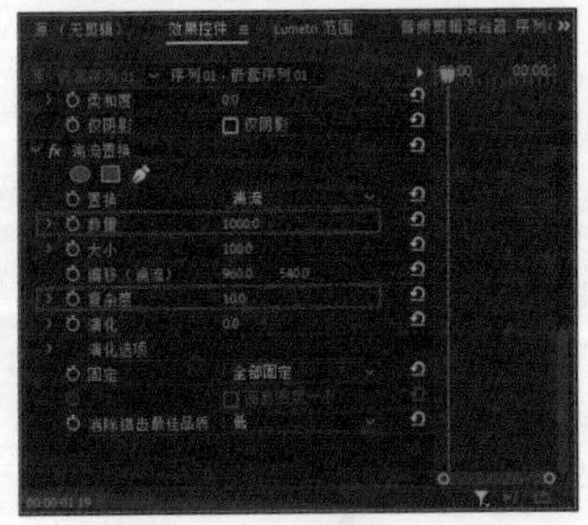

图4-45

图4-46

步骤 08 将时间线移至00:00:01:17位置，使“嵌套序列01”的起始位置与时间线对齐，如图 4-47所示。将时间线移至00:00:05:00位置，在“工具”面板中单击“剃刀工具”按钮，分割并删除时间线后的素材，如图 4-48所示。

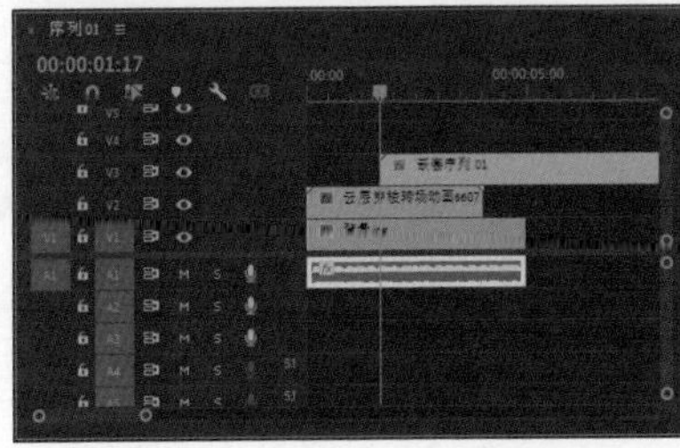

图4-47

图4-48

步骤 09 在V3轨道的“嵌套序列01”的起始位置和结束位置设置“数量”参数为1000.0，并添加关键帧，如图 4-49所示。

步骤 10 分别将时间线移至00:00:02:14和00:00:03:23位置，设置“数量”参数为0.0，如图 4-50所示。

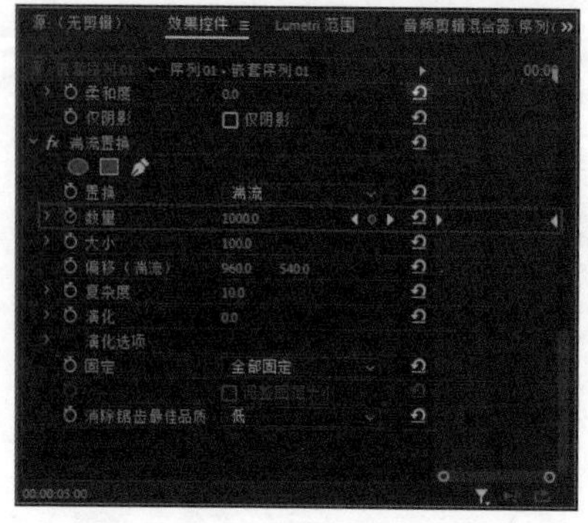

图4-49

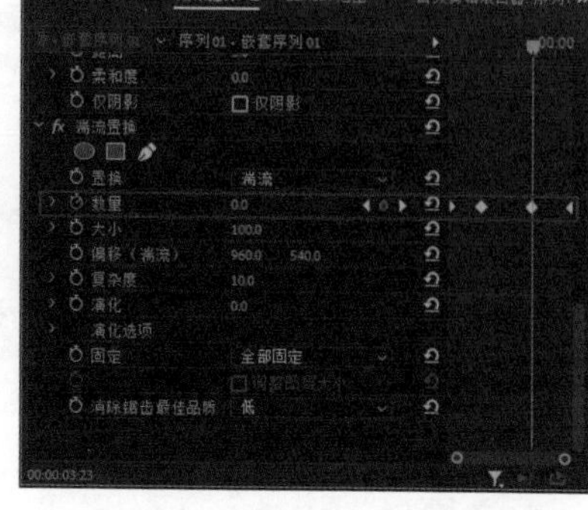

图4-50

4.6 冰块文字 雪景海报效果

在Premiere Pro中，使用“水平翻转”“轨道遮罩键”“斜面Alpha”效果可以制作出漂亮、可爱的冰块文字。下面将介绍详细的制作方法，案例效果如图 4-51所示。

图4-51

步骤 01 启动Premiere Pro软件，在菜单栏中执行“文件→打开项目”命令，将路径文件夹中的“冰块文字.prproj”文件打开。

步骤 02 可以看到“时间轴”面板中添加了素材，如图 4-52 所示。

步骤 03 在“时间轴”面板中选择V1轨道的“雪人.mp4”视频素材，在按住Alt键的同时按住鼠标左键向V2轨道拖曳，复制该视频素材，如图 4-53所示。

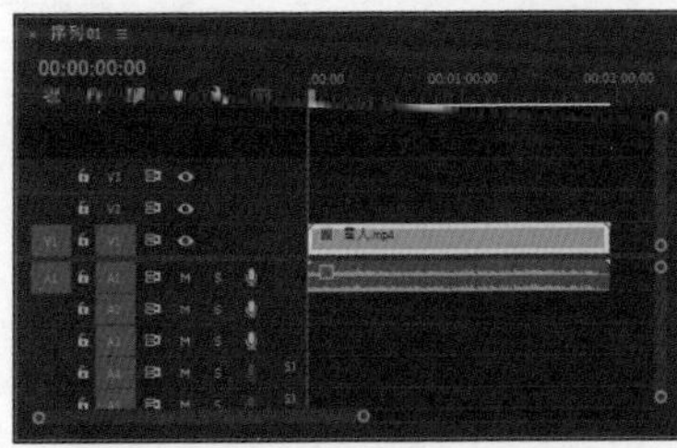

图4-52

图4-53

步骤 04 在“工具”面板中单击“文字工具”按钮，然后在“节目：序列 01”面板中输入“Winter Snowman”文字。在“基本图形”面板中设置“字体”为“方正字迹-新手书”、“填充”颜色为白色、“字体大小”参数为117、“字距调整”参数为76，如图 4-54所示，字幕效果如图 4-55所示。

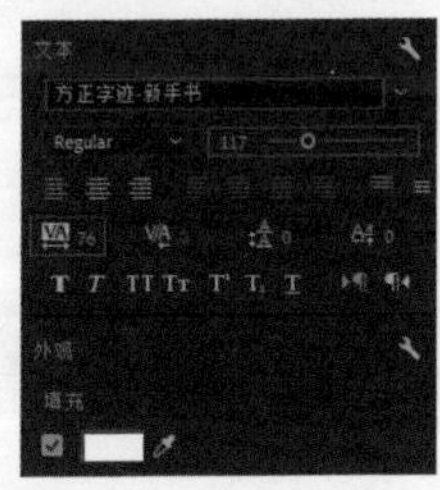

图4-54

图4-55

步骤 05 在“工具”面板中单击“选择工具”按钮，选择V3轨道的字幕，调整字幕的长度，使其与下方V2轨道的“雪人.mp4”视频素材同长，如图 4-56所示。

步骤 06 在“效果”面板中分别搜索“轨道遮罩键”效果并将效果拖曳至V2轨道的“雪人.mp4”素材上，将字幕移动至画面左侧中间，效果如图 4-57所示。

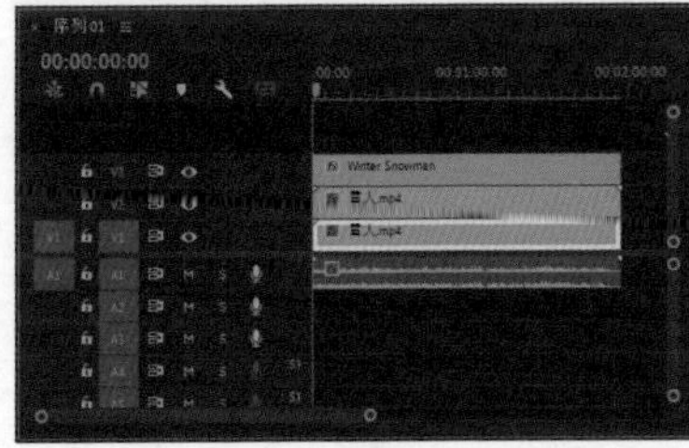

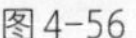

图4-56

图4-57

提示

只有文字显示为白色，才能通过Alpha通道将V2轨道上的图像映射到文字上。

步骤 07 在“效果控件”面板的“轨道遮罩键”卷展栏中设置“遮罩”为“视频3”，如图 4-58 所示。将翻转的画面映射到文字区域，如图 4-59 所示。

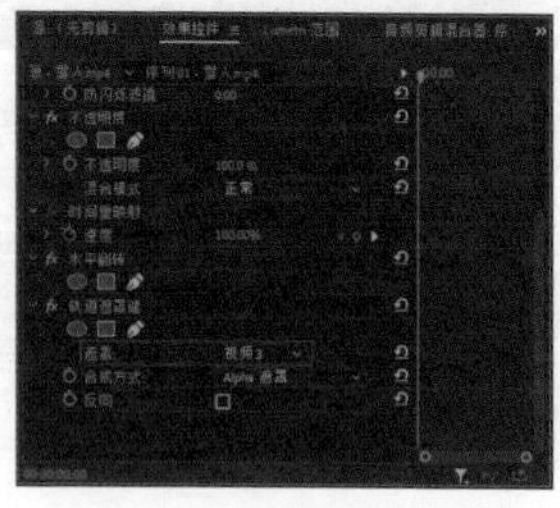

图4-58

图4-59

步骤 08 在“效果”面板中搜索“斜面Alpha”效果，将该效果拖曳至V2轨道的“雪人.mp4”素材上，设置“边缘厚度”参数为10.00，如图 4-60 所示。字幕效果如图 4-61 所示。

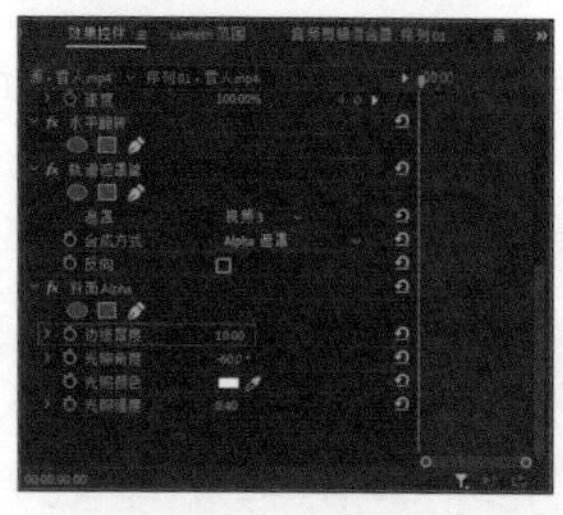

图4-60

图4-61

步骤 09 选择V3轨道的文字素材，在“效果控件”面板中，单击“缩放”左侧的“切换动画”按钮，设置“缩放”参数为0.0，如图 4-62 所示；将时间线移至00:00:05:00位置，设置“缩放”参数为100.0，如图 4-63 所示。

图4-62

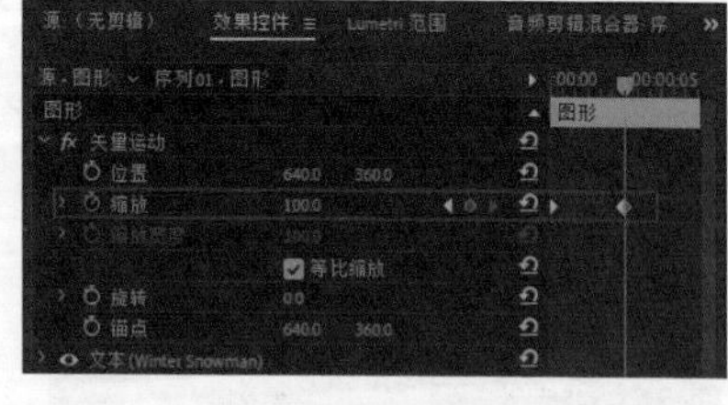

图4-63

步骤 10 将时间线移至00:01:49:23位置，在“效果”面板中搜索“粗糙边缘”效果，将该效果拖曳至V2轨道的“雪人.mp4”素材上。在“效果控件”面板中，单击“边框”左侧的“切换动画”按钮，将时间线移至00:01:57:18位置，设置“边框”参数为100.00，如图 4-64 所示。

步骤 11 完成上述操作后，画面中的文字全部消失，如图 4-65 所示。

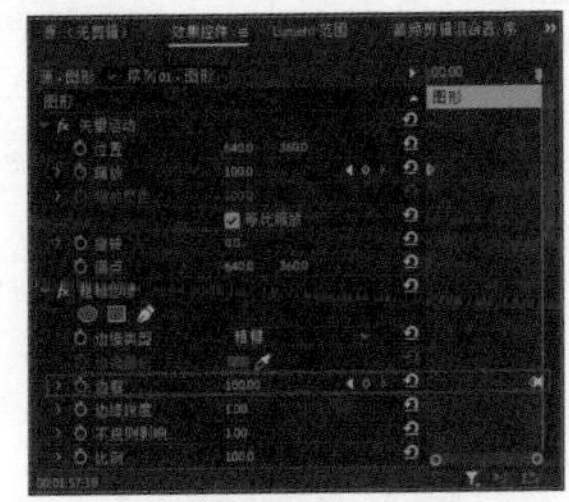

图 4-64

图 4-65

4.7 手写文字 春日出游 Vlog

在 Premiere Pro 中，使用“书写”效果可以制作出手写文字效果。下面将介绍具体的制作方法，案例效果如图 4-66 所示。

图 4-66

步骤 01 启动 Premiere Pro 软件，在菜单栏中执行“文件→打开项目”命令，将路径文件夹中的“手写.prproj”文件打开。

步骤 02 可以看到“时间轴”面板中添加了素材，如图 4-67 所示。在“节目：序列 01”面板中可以预览当前素材的效果，如图 4-68 所示。

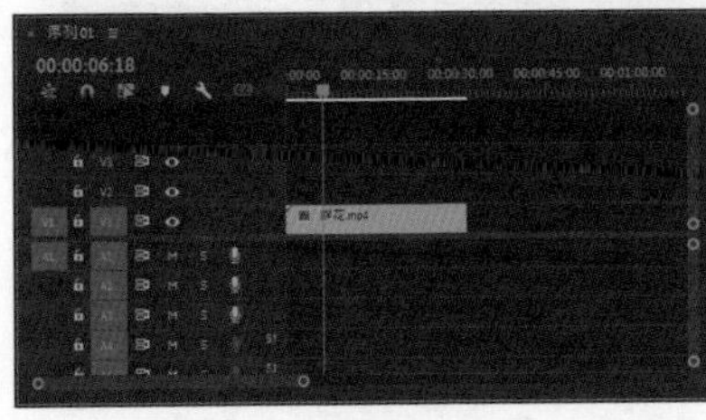

图 4-67

图 4-68

步骤03 在“工具”面板中单击“文字工具”按钮T，然后在“节目：序列01”面板中输入“Spring”文字。在“基本图形”面板中设置“字体”为“汉仪铸字童年体W”，设置“填充”颜色为白色，设置“字体大小”参数为232，设置“字距调整”参数为198，如图4-69所示，字幕效果如图4-70所示。

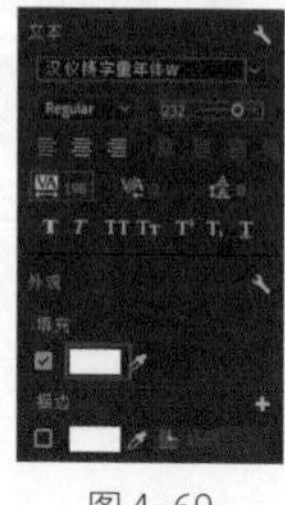

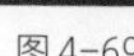

图4-69

图4-70

步骤04 在“工具”面板中单击“选择工具”按钮，选择V2轨道的字幕，调整字幕的长度，使其与下方V1轨道的“鲜花.mp4”视频素材同长，如图4-71所示。在V2轨道中选中素材并右击，在弹出的快捷菜单中执行“嵌套”命令，效果如图4-72所示。

图4-71

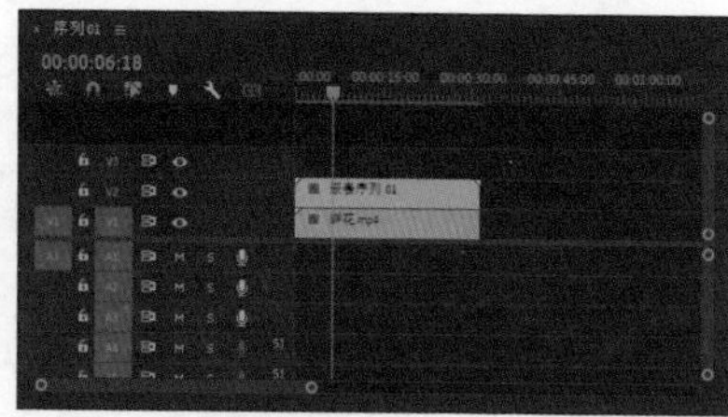

图4-72

步骤05 在“效果”面板中搜索“书写”效果，将该效果拖曳至V2轨道的文本素材上，如图4-73所示。

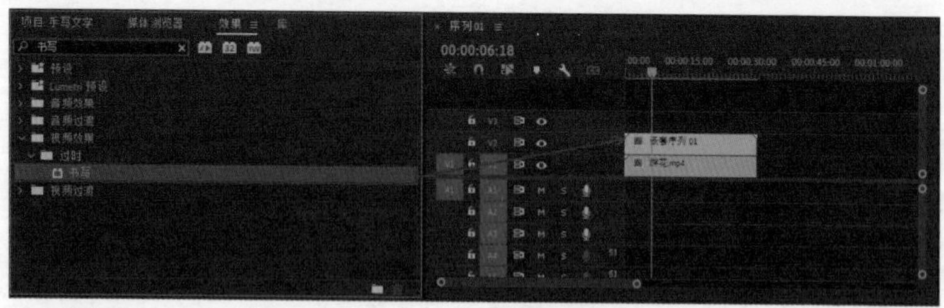

图4-73

提示

对文本素材执行“嵌套”命令，在嵌套序列上添加“书写”效果后再添加关键帧，可以避免卡顿。

步骤 06 在“效果控件”面板中展开“书写”卷展栏，设置“画笔位置”参数为725.0和405.0，单击“画笔位置”左侧的“切换动画”按钮，设置“画笔大小”参数为35.0，如图 4-74所示。间隔两帧调整画笔的位置，将画笔沿着文本的轮廓移动，效果如图 4-75所示。

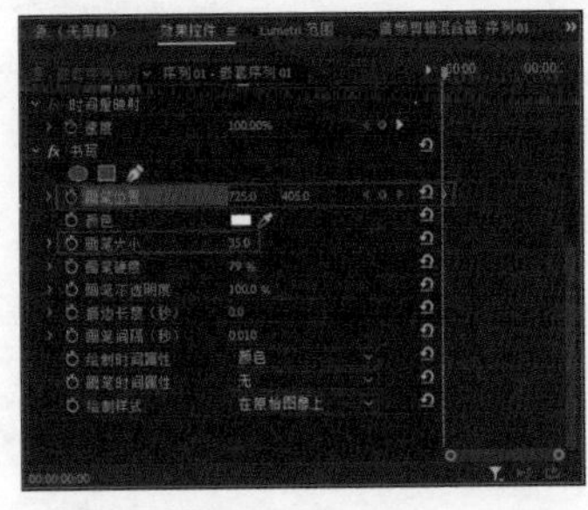

图4-74

图4-75

提示

设置“画笔大小”参数时，需注意画笔的宽度要比文本笔画的宽度大。

步骤 07 在“效果控件”面板中设置“绘制样式”为“显示原始图像”，如图 4-76所示，效果如图 4-77所示。

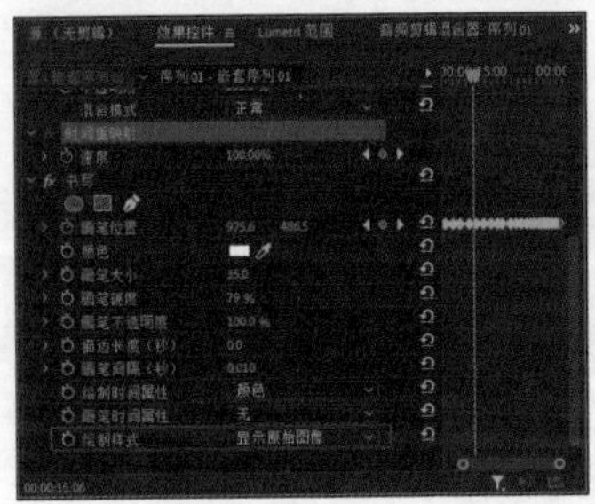

图4-76

图4-77

第 5 章

润色画面
增加视频美感

调色是后期处理的重要操作之一，作品的颜色能够在很大程度上影响观众的心理感受。调色技术不仅在摄影、平面设计中占有重要地位，而且在影视制作中也是不可忽视的重要组成。调色不仅能使画面的各个元素变得更加漂亮，更重要的是可以使元素融合到画面中不显得突兀，从而使画面整体氛围更加统一。

5.1 基本校正 复古街景

基本校正可以帮助用户对素材进行色彩校正。通过校正色彩，可以为素材修正不合适的曝光和颜色，使素材整体风格保持一致。本案例将使用基本校正面板制作复古街景，案例效果如图 5-1 所示。

图 5-1

步骤 01 启动 Premiere Pro 软件，在菜单栏中执行“文件→打开项目”命令，打开路径文件夹中的“基本校正面板.prproj”文件。

步骤 02 可以看到“时间轴”面板中添加了素材，如图 5-2 所示。在“节目：序列 01”面板中可以预览当前素材的效果，如图 5-3 所示。

图 5-2

图 5-3

步骤 03 在“项目：基本校正面板”面板的空白区域右击，在弹出的快捷菜单中执行“新建项目→调整图层”命令，新建一个调整图层将调整图层拖曳至“时间轴”面板的 V2 轨道上。选择 V2 轨道的“调整图层”，在“Lumetri 颜色”面板中展开“基本校正”卷展栏，设置“曝光”参数为 –0.1、“对比度”参数为 –4.0、“高光”参数为 –37.0、“阴影”参数为 2.0、“白色”参数为 –41.0、“黑色”参数为 11.0，如图 5-4 所示。调整过后的效果如图 5-5 所示。

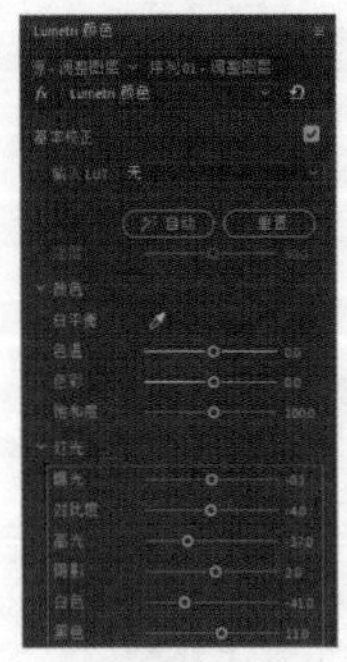

图 5-4

图 5-5

步骤 04 在“效果”面板中搜索“通道混合器”效果，并将该效果添加到V2轨道的“调整图层”上，如图5-6所示。在“效果控件”面板中展开“通道混合器”卷展栏，设置“红色-红色”参数为60、“红色-绿色”参数为40、“蓝色-绿色”参数为80、“蓝色-蓝色”参数为20，如图 5-7 所示。

图 5-6

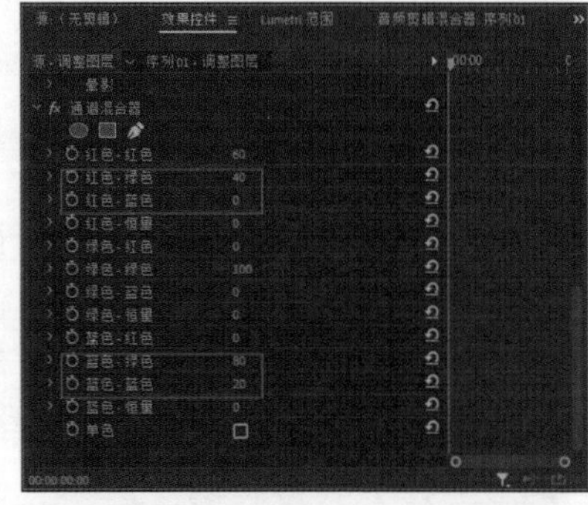

图 5-7

提示

每种颜色的通道混合量总和必须为100，否则画面就会出现偏色问题。

步骤 05 在“Lumetri范围”面板中观察“矢量示波器HLS”，可以明显观察到画面中的颜色整体偏向“红色-青色”，与预想的“橙色-青色”有偏差，如图 5-8 所示。

步骤 06 在“效果”面板中搜索“快速颜色校正器”效果，并将该效果添加至V2轨道的“调整图层”上。在“效果控件”面板中展开“快速颜色校正器”卷展栏，设置“色相角度”参数为–21.0°、“饱和度”参数为155.00，如图 5-9 所示。

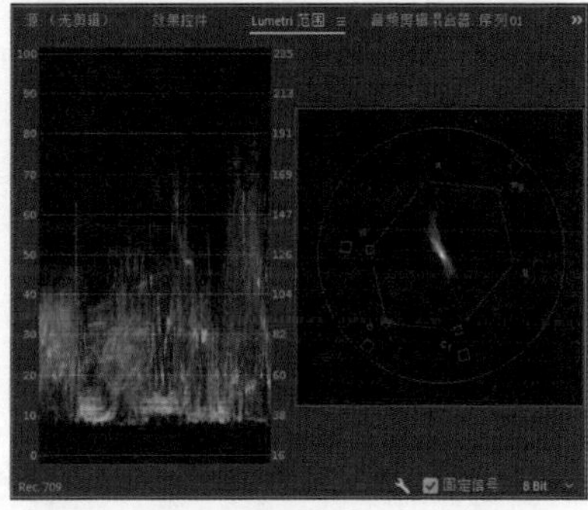

图5-8

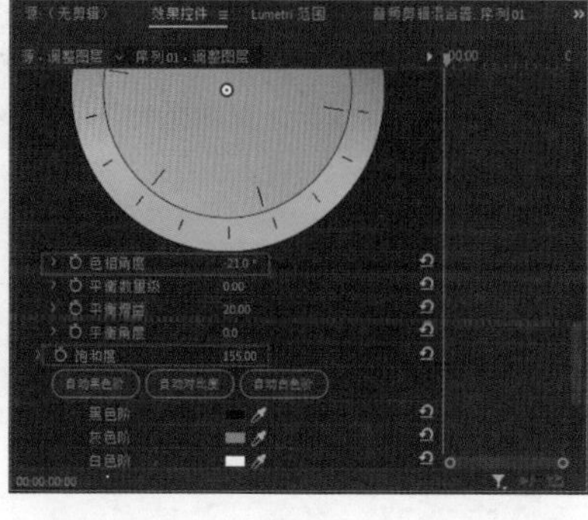

图5-9

提示

在调整“色相角度”参数时，需要观察“矢量示波器HLS”中显示的波形角度，对比色轮，从而确定“色相角度”参数。

步骤 07 观察如图 5-10 所示的“矢量示波器HLS”，黄色部分比较多，需要偏向橙色。在“效果”面板中搜索“更改颜色”效果，并将该效果拖曳至“时间轴”面板的V2轨道的“调整图层”上。在“效果控件”面板中，展开“更改颜色”卷展栏，单击“要更改的颜色”右侧的“吸管”按钮，然后吸取画面中的黄色，设置“色相变换”参数为-19.0，“匹配容差”参数为40.0%，如图 5-11 所示。

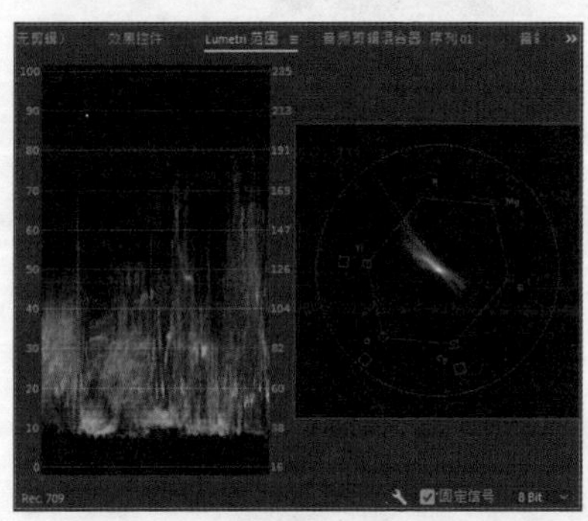

图5-10

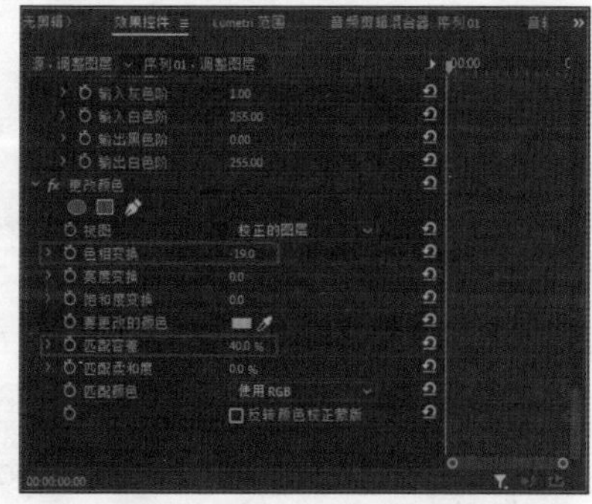

图5-11

提示

在调整“色相变换”参数时，要观察“矢量示波器HLS”中显示的波形角度。

步骤 08 在“项目：基本校正面板”面板的空白区域右击，在弹出的快捷菜单中执行“新建项目→调整图层”命令，新建一个调整图层，将调整图层拖曳至“时间轴”面板的V3轨道上，如图 5-12 所示。

步骤 09 在“Lumetri颜色”面板中展开“色轮和匹配”卷展栏，然后设置“阴影”为青色、“中间调”为橙色、“高光”为黄色，如图 5-13 所示。

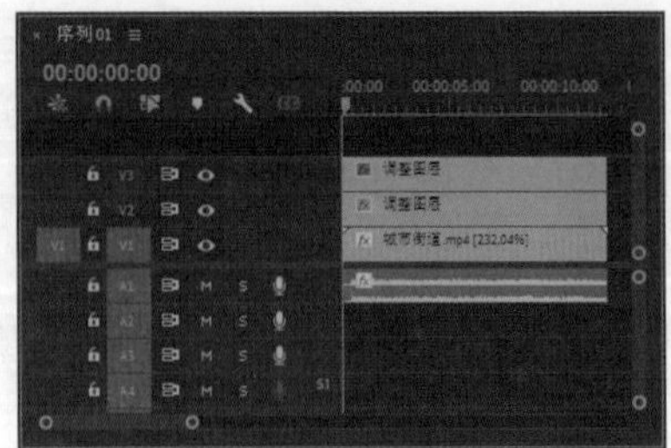

图 5-12

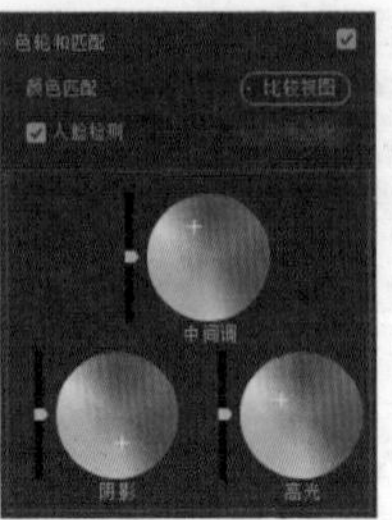

图 5-13

步骤 10 展开“曲线”卷展栏，调整“色相与饱和度”中的曲线，提升橙色和青色的饱和度，如图 5-14 所示。

步骤 11 在“曲线”卷展栏的“RGB 曲线”中调整曲线的亮部和暗部，如图 5-15 所示，使画面产生胶片效果。

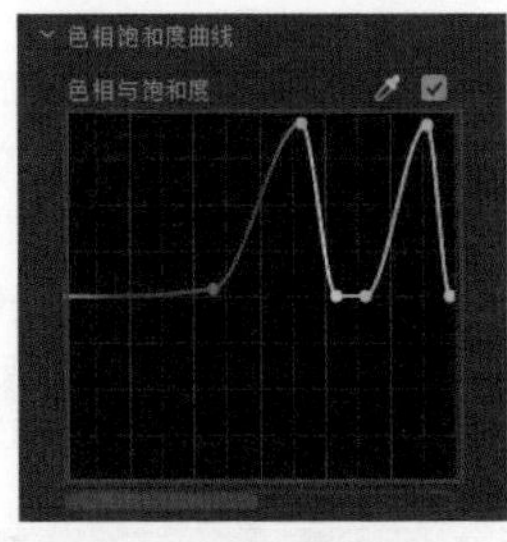

图 5-14

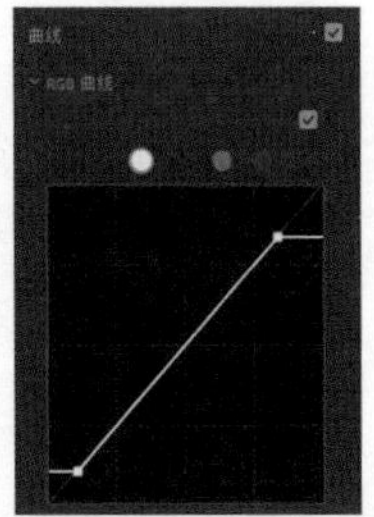

图 5-15

步骤 12 将“项目：基本校正面板”面板中的“城市街道.mp4”素材拖曳至V4轨道上，在“工具”面板中单击“比率拉伸工具”按钮，将该素材缩短至与下方V1轨道的“城市街道.mp4”素材同长，如图 5-16 所示。

步骤 13 在“效果”面板中搜索“线性擦除”效果，将该效果拖曳至V4轨道的“城市街道.mp4”素材上，如图 5-17 所示。

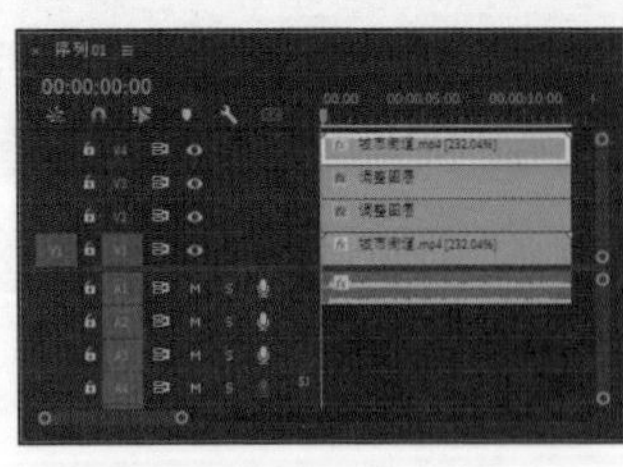

图 5-16

图 5-17

步骤 14 在“效果控件”面板中展开“线性擦除”卷展栏，单击“过渡完成”左侧的“切换动画”按钮，生成关键帧，如图 5-18 所示。将时间线移至00:00:03:10位置，设置“过渡完成”参数为100%，如图 5-19 所示。

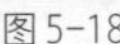

图 5-18

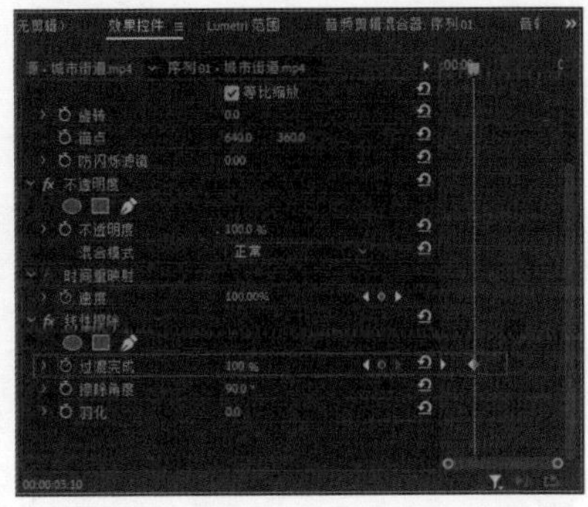

图 5-19

5.2 RGB 曲线 鲜艳花卉

RGB 曲线主要用于调整基本的三原色（红色、绿色、蓝色），以及它们的反向色，红色的反向色是青色，绿色的反向色是品红色，蓝色的反向色是黄色。下面使用 RGB 曲线，制作鲜艳花卉效果，案例效果如图 5-20 所示。

图 5-20

步骤 01 启动 Premiere Pro 软件，在菜单栏中执行“文件→打开项目”命令，打开路径文件夹中的“RGB 曲线 .prproj”文件。

步骤 02 可以看到“时间轴”面板中添加了素材，如图 5-21 所示。在“节目：序列 01”面板中可以预览当前素材的效果，如图 5-22 所示。

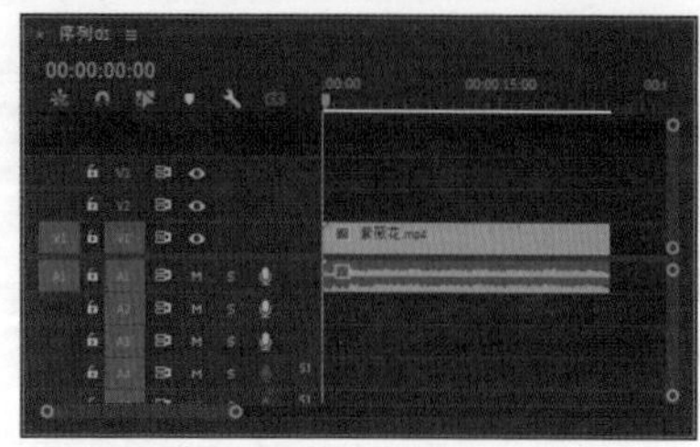

图 5-21

图 5-22

步骤 03 在“时间轴”面板中选择V1轨道的“紫薇花.mp4”素材，按住Alt键向上拖曳该素材，复制一份到V2轨道上，如图 5-23所示。

步骤 04 将时间线移至00:00:02:17位置，将V2轨道的“紫薇花.mp4”素材向后移动到时间线所在的位置，如图 5-24所示。

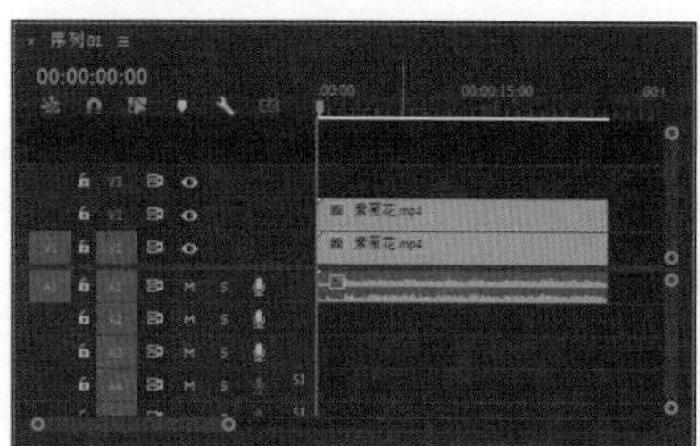

图 5-23

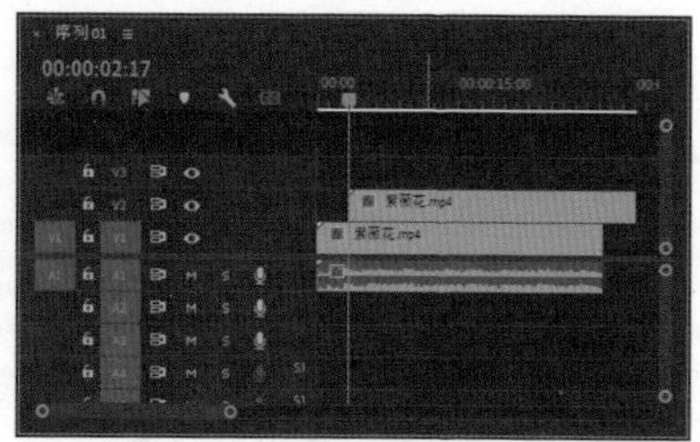

图 5-24

步骤 05 在“效果”面板中搜索“高斯模糊”效果，将该效果拖曳至V1轨道的“紫薇花.mp4”素材上。在“效果控件”面板中设置“模糊度”参数为80.0，勾选“重复边缘像素”复选框，如图 5-25所示，效果如图 5-26所示。

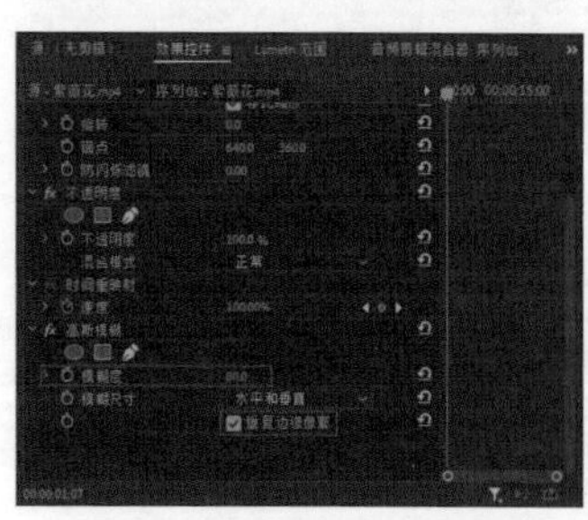

图 5-25

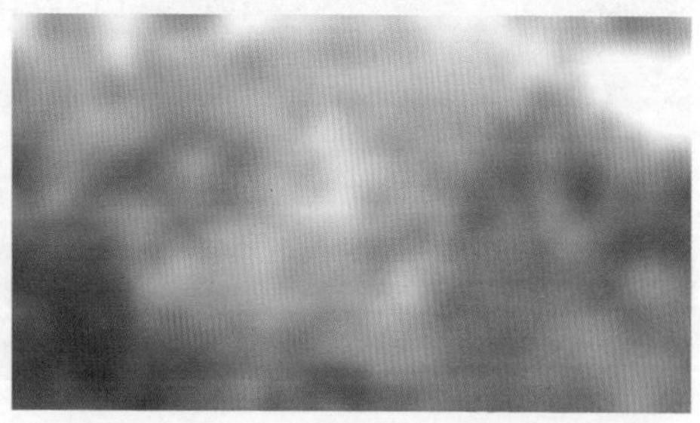

图 5-26

步骤 06 在“效果”面板中搜索“亮度校正器”效果，将该效果拖曳至V1轨道的“紫薇花.mp4”素材上。将时间线移至00:00:02:17位置，单击“亮度”左侧的“切换动画”按钮，生成关键帧，向前移动3帧，设置“亮度”参数为100.00，如图 5-27所示；继续向前移动3帧，设置“亮度”参数为0，调整后的效果如图 5-28所示。

图5-27　　图5-28

步骤 07　选中前两个关键帧，按快捷键Ctrl+C复制。向前移动6帧，按快捷键Ctrl+V粘贴，如图 5-29 所示。这样就能形成连续闪光的效果。

步骤 08　选择V1轨道上的“紫薇花.mp4”素材，在起始位置添加“缩放”关键帧，在结束位置设置“缩放”参数为145，如图 5-30 所示。

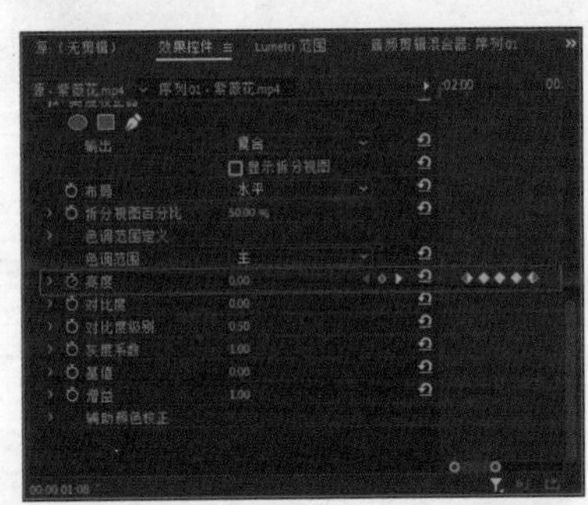

图5-29

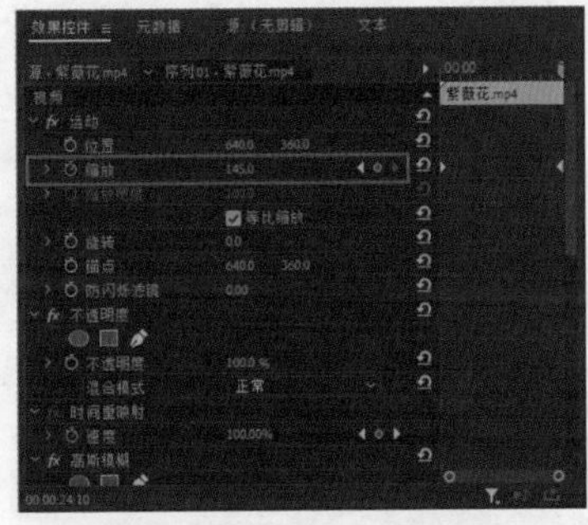

图5-30

提示

读者可根据具体情况为关键帧添加“缓入”和“缓出”效果。

步骤 09　选择V2轨道上的“紫薇花.mp4”素材，将其转换为“嵌套序列01”，使其结尾处与下方素材对齐，如图 5-31 所示。

步骤 10　双击“嵌套序列01”，然后新建一个白色的“颜色遮罩”，并将其放在“紫薇花.mp4”素材的下方，如图 5-32 所示。

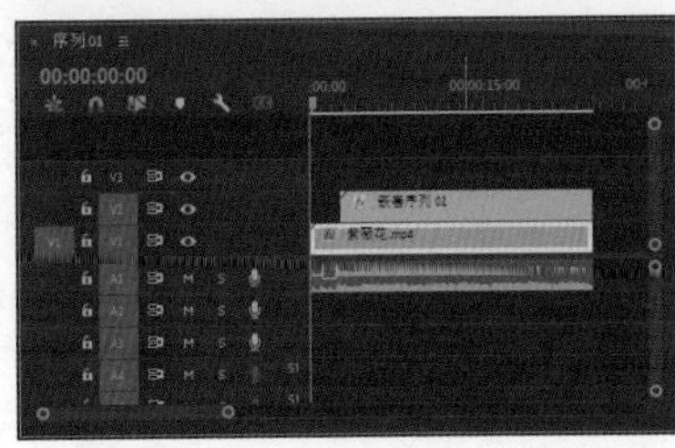

图5-31

图5-32

步骤11 选择V2轨道上的"紫薇花.mp4"素材，然后设置"缩放"参数为95，此时画面两侧会显示白色的遮罩，效果如图5-33所示。

步骤12 在"Lumetri颜色"面板中展开"曲线→"RGB曲线"卷展栏并进行调整，如图5-34所示。

图5-33

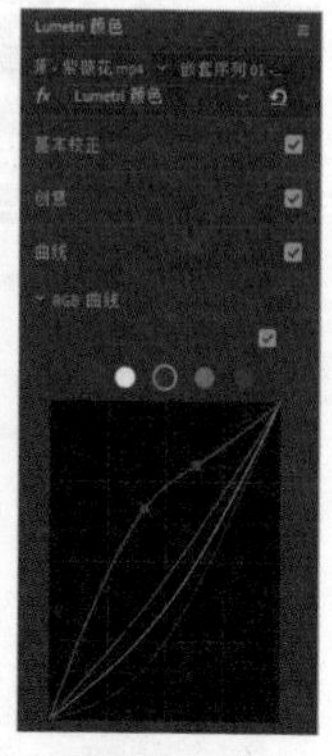

图5-34

步骤13 将时间线移至00:00:02:17位置，返回"序列01"，选择"嵌套序列01"，添加"缩放"和"旋转"关键帧，如图5-35所示。将时间线移至00:00:03:23位置，设置"缩放"参数为77.0、"旋转"参数为5.0°，如图5-36所示。

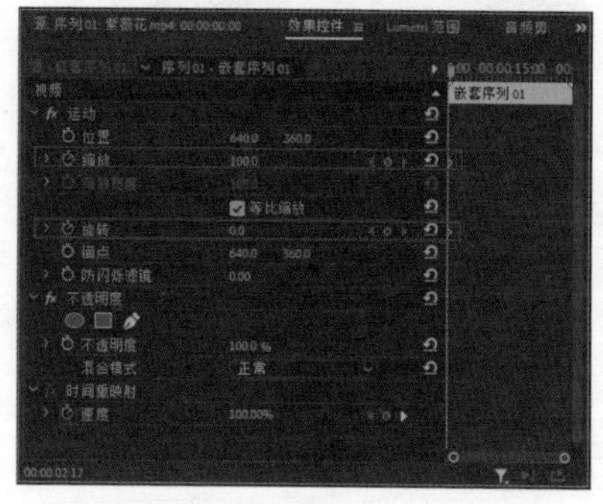

图5-35

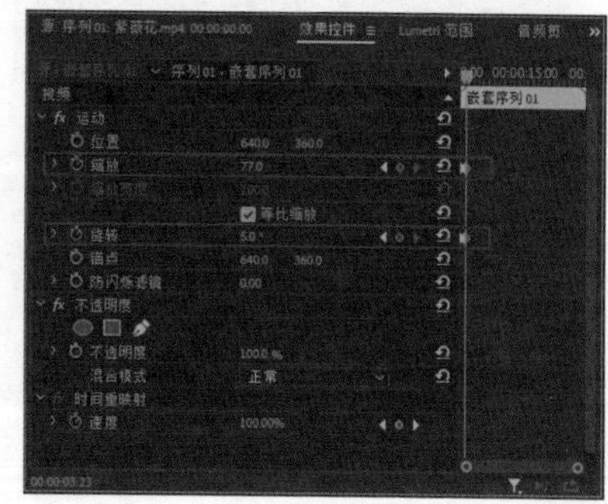

图5-36

5.3 HSL辅助 天空变色

HSL辅助是一个分区的调整工具，可以对画面进行精细化调整。本案例将使用HSL辅助制作天空变色，案例效果如图5-37所示。

图 5-37

步骤 01 启动Premiere Pro软件，在菜单栏中执行“文件→打开项目”命令，打开路径文件夹中的“HSL辅助.prproj”文件。

步骤 02 可以看到“时间轴”面板中添加了素材，如图 5-38 所示。在“节目：序列01”面板中可以预览当前素材的效果，如图 5-39 所示。

图 5-38

图 5-39

步骤 03 在“时间轴”面板中选择V1轨道的“郁金香花海.mp4”素材，按住Alt键向上拖曳该素材，复制一份，如图 5-40 所示。

步骤 04 选择V2轨道的“郁金香花海.mp4”素材，在“Lumetri颜色”面板中展开“HSL辅助”卷展栏，如图 5-41 所示。

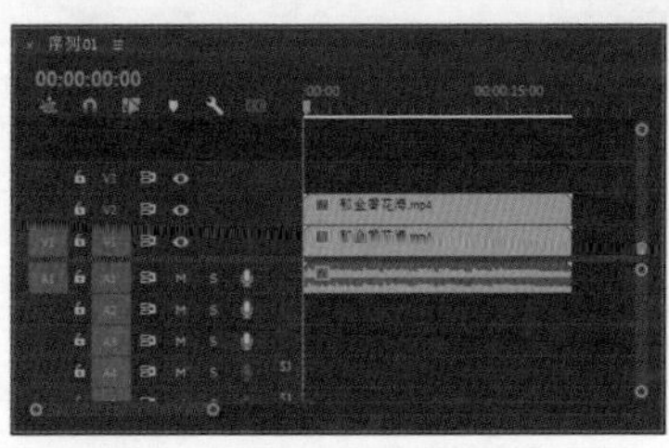

图 5-40

图 5-41

步骤 05 在“键”卷展栏中设置参数，勾选“彩色 / 灰色”复选框，如图 5-42 所示，执行操作后的画面效果如图 5-43 所示。

图 5-42

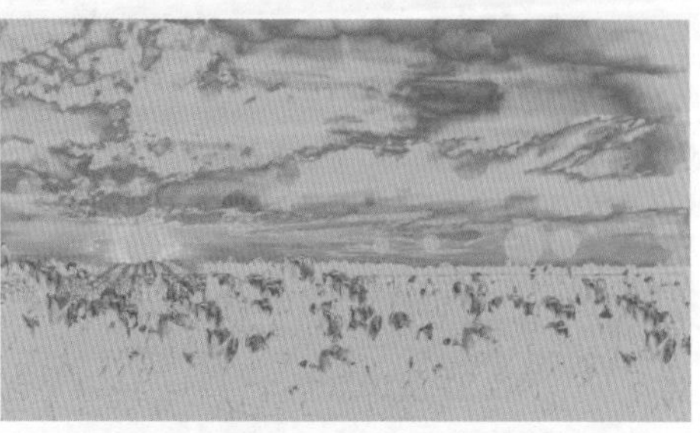
图 5-43

步骤 06 单击“设置颜色”右侧的按钮，如图 5-44 所示。然后移动鼠标指针至“节目：序列 01”面板中，吸取郁金香的红色，如图 5-45 所示。

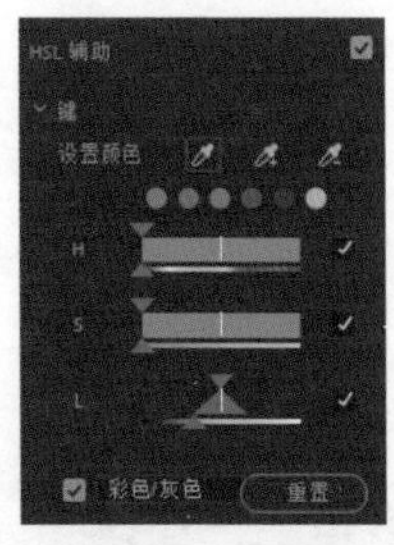

图 5-44

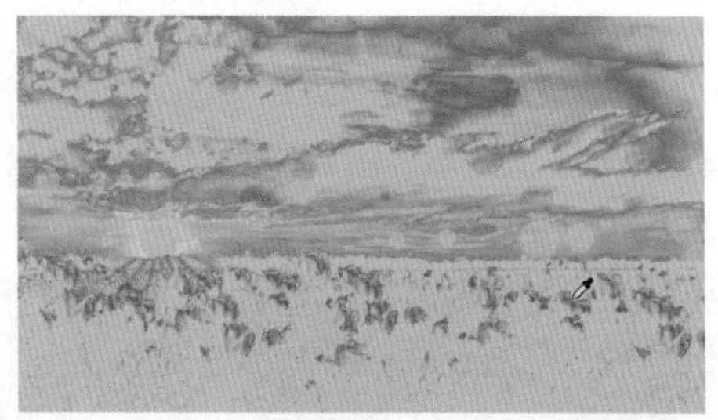
图 5-45

步骤 07 拖动 HSL 参数滑块，如图 5-46 所示，使当前画面中仅保留红色，其余部分变成灰色，效果如图 5-47 所示。

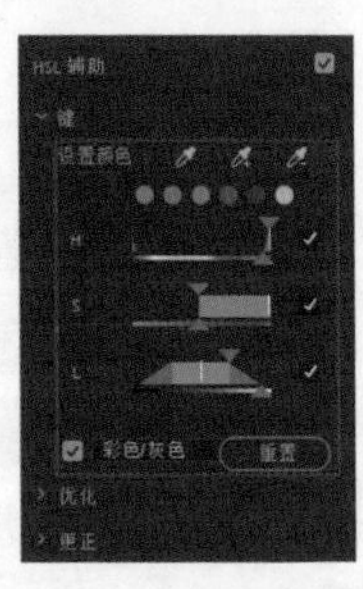

图 5-46

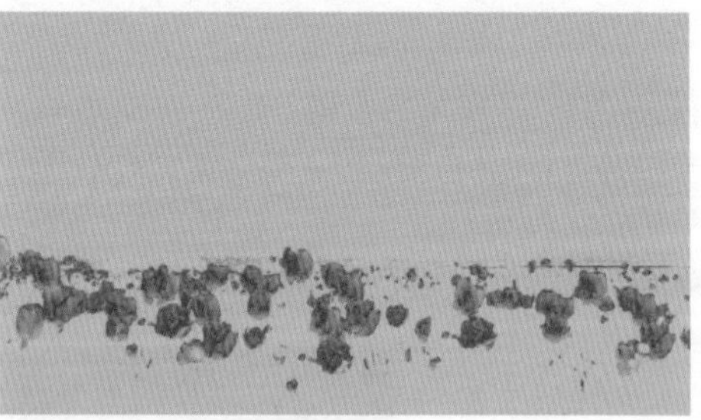
图 5-47

步骤 08 展开“优化”卷展栏，调整“降噪”与“模糊”参数，如图 5-48 所示。

步骤 09 在“效果控件”面板中展开“HSL 辅助→键”卷展栏，勾选“反转蒙版”复选框，如图 5-49 所示。

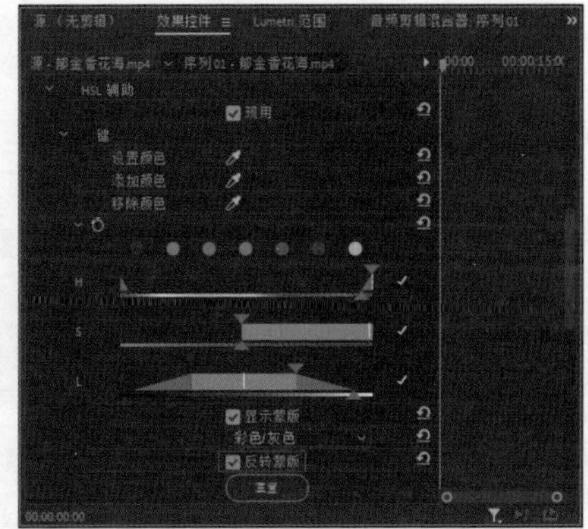

图5-48　　　　图5-49

步骤10　在“节目：序列01”面板中预览画面，发现灰色区域发生反转，如图 5-50所示。展开“更正”卷展栏，调整“饱和度”参数为0.0，如图 5-51所示。

图5-50

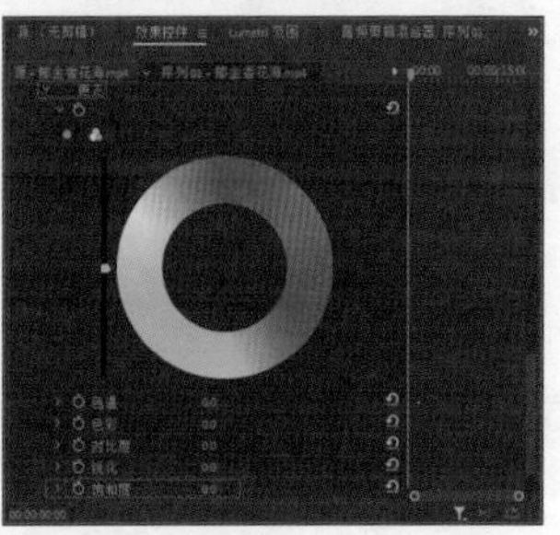

图5-51

步骤11　在“节目：序列01”面板中预览画面，发现此时的画面处于黑白状态，如图 5-52所示。

图5-52

步骤 12 在“Lumetri 颜色”面板中取消勾选“彩色/灰色”复选框，如图 5-53 所示。

步骤 13 在“项目：HSL 辅助”面板中选择“郁金香花海.mp4”素材，并将其拖曳至 V3 轨道上，取消链接并删除音频素材，如图 5-54 所示。

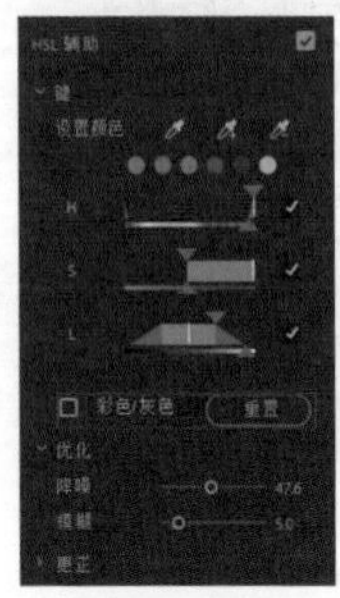

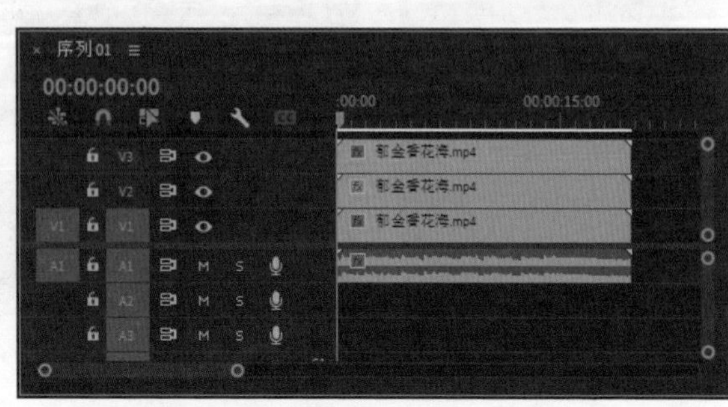

图 5-53 图 5-54

步骤 14 在“效果”面板中搜索“线性擦除”效果，将该效果拖曳至 V3 轨道的“郁金香花海.mp4”素材上，如图 5-55 所示。

图 5-55

步骤 15 在“效果控件”面板中展开“线性擦除”卷展栏，单击“过渡完成”左侧的“切换动画”按钮，生成关键帧，如图 5-56 所示。将时间线移至 00:00:04:03 位置，设置“过渡完成”参数为 100%，如图 5-57 所示。

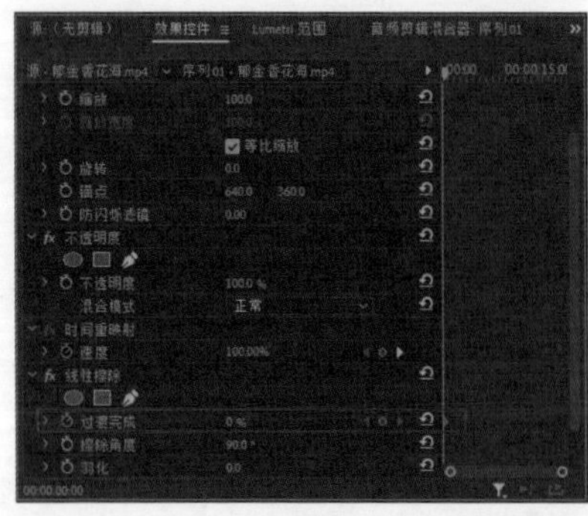

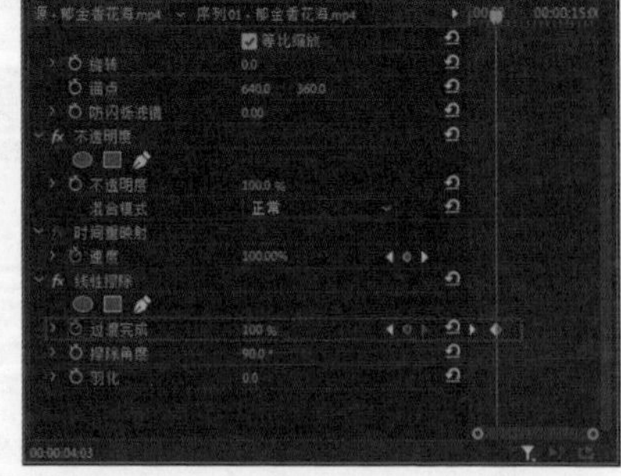

图 5-56 图 5-57

5.4 青橙色调 美丽草原

青橙色调是一种非常流行的色调，应用范围很广，适用于风光、建筑、街头等摄影题材。下面将详细介绍青橙色调的调色操作，案例效果如图 5-58 所示。

图 5-58

步骤 01 启动 Premiere Pro 软件，在菜单栏中执行“文件→打开项目”命令，打开路径文件夹中的“青橙色调.prproj”文件。

步骤 02 可以看到“时间轴”面板中添加了素材，如图 5-59 所示。在“节目：序列 01”面板中可以预览当前素材的效果，如图 5-60 所示。

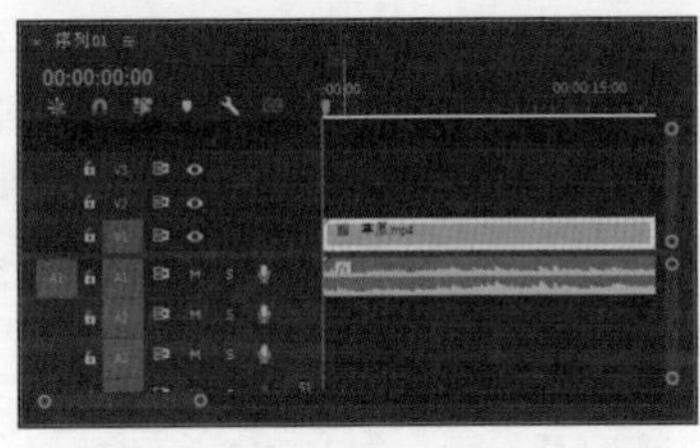

图 5-59

图 5-60

步骤 03 在“Lumetri 颜色”面板中展开“曲线”卷展栏，单击“色相与色相”左侧的“吸管”按钮，吸取天空的颜色，如图 5-61 所示。“色相与色相”中的曲线上会自动生成锚点，调整曲线与扩大颜色范围，如图 5-62 所示。

图 5-61

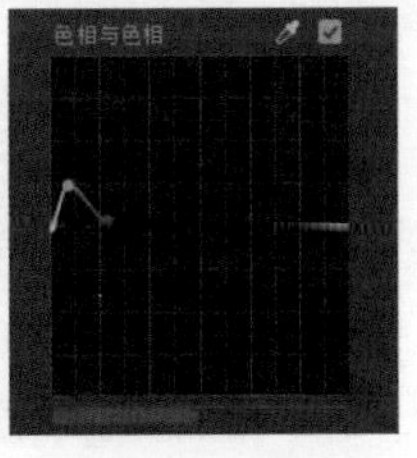

图 5-62

步骤 04 在“色相与色相”中添加锚点并调整曲线，使黄色和绿色转换为橙色，如图 5-63 所示，调整后的画面效果如图 5-64 所示。

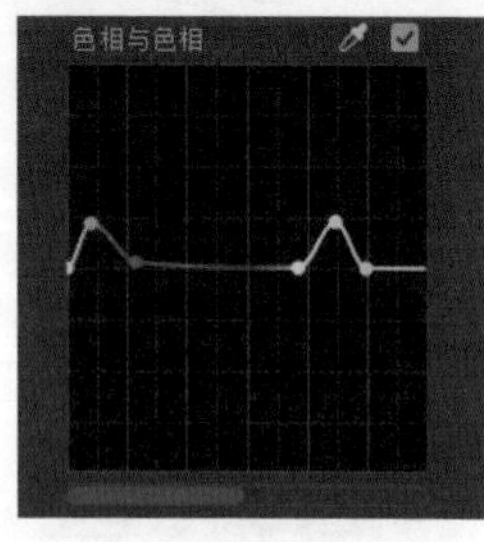

图 5-63

图 5-64

步骤 05 在“RGB 曲线”中的曲线上添加锚点并调整曲线，如图 5-65 所示，调整后的画面效果如图 5-66 所示。

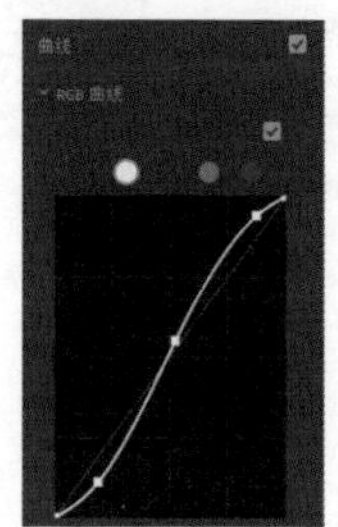

图 5-65

图 5-66

步骤 06 在“项目：青橙色调”面板中选择“草原.mp4”素材，并将其拖曳至 V2 轨道上，取消链接并删除音频素材，如图 5-67 所示。

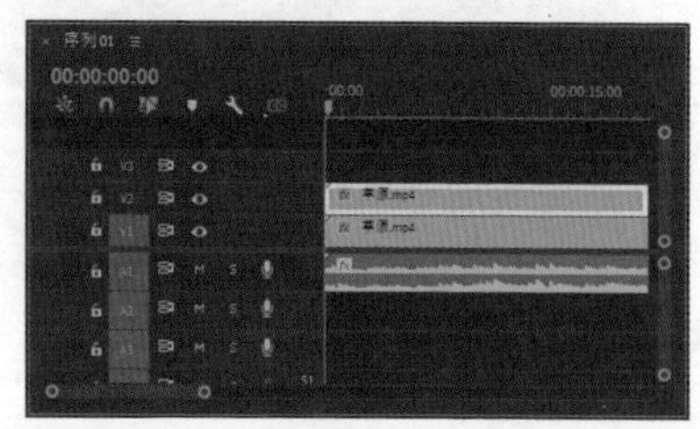

图 5-67

步骤 07 在“效果”面板中搜索“线性擦除”效果，将该效果拖曳至 V2 轨道的“草原.mp4”素材上，如图 5-68 所示。

图 5-68

步骤 08 在“效果控件”面板中展开“线性擦除”卷展栏，单击“过渡完成”左侧的“切换动画”按钮，生成关键帧，如图 5-69 所示。将时间线移至00:00:03:00位置，设置“过渡完成”参数为100%，如图 5-70 所示。

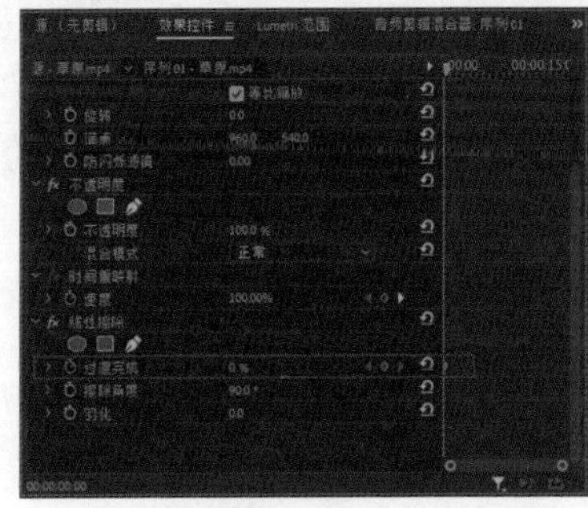
图5-69

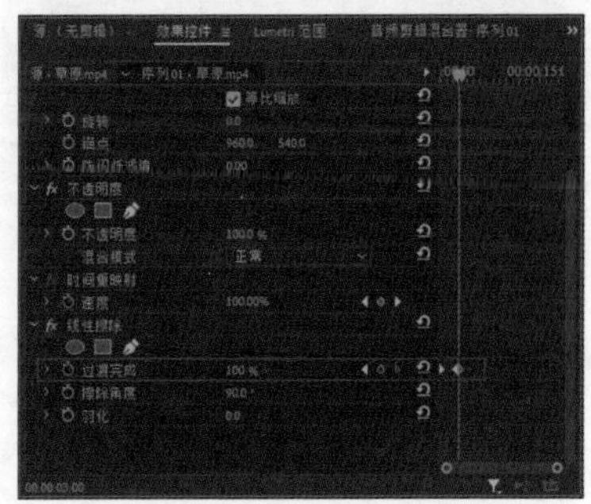
图5-70

5.5 赛博朋克 城市夜景

赛博朋克风格往往以蓝紫色的暗冷色调为主，搭配霓虹光感的对比色，用错位、拉伸、扭曲等故障感图形体现电子科技的未来感。下面将详细讲解赛博朋克的调色方法，案例效果如图 5-71 所示。

图5-71

步骤 01 启动Premiere Pro软件，在菜单栏中执行“文件→打开项目”命令，打开路径文件夹中的“赛博朋克.prproj”文件。

步骤 02 可以看到“时间轴”面板中添加了素材，如图 5-72 所示。在“节目：序列01”面板中可以预览当前素材的效果，如图 5-73 所示。

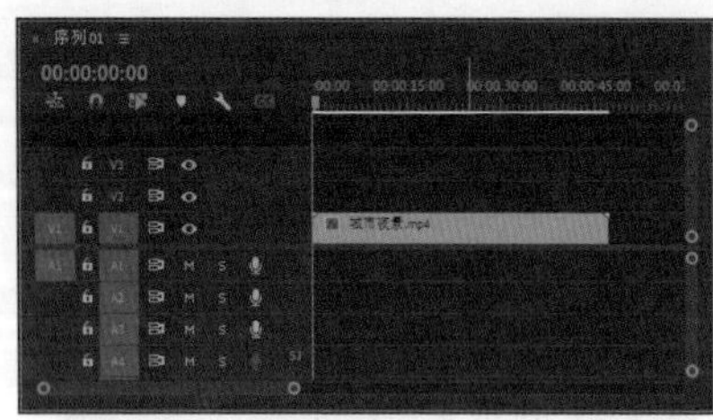

图 5-72

图 5-73

步骤 03 在"项目：赛博朋克"面板的空白区域右击，在弹出的快捷菜单中执行"新建项目→调整图层"命令，在弹出的"调整图层"对话框中单击"确定"按钮，如图 5-74 所示。将新建的调整图层拖曳至"时间轴"面板的 V2 轨道上，如图 5-75 所示。

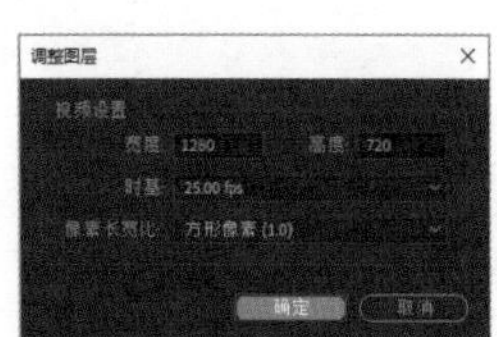

图 5-74

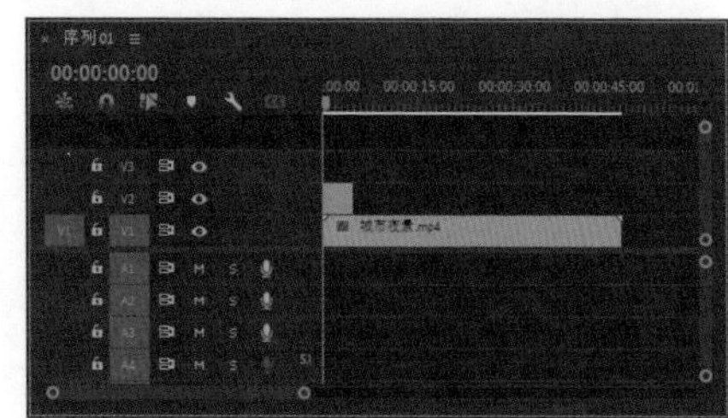

图 5-75

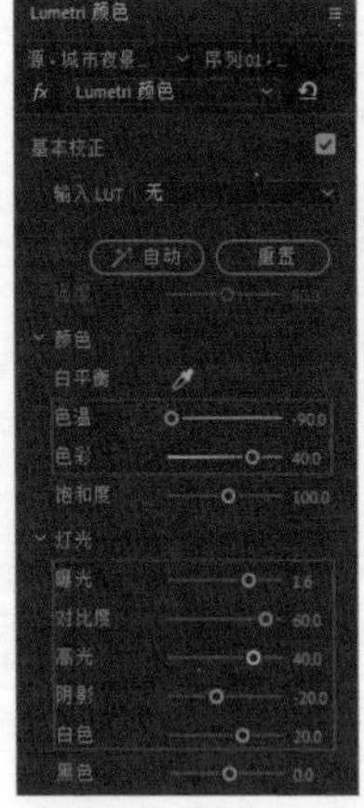

图 5-76

步骤 04 在"Lumetri 颜色"面板中，展开"基本校正"卷展栏，展开"颜色"卷展栏，设置"色温"参数为 -90.0、"色彩"参数为 40.0，展开"灯光"卷展栏，设置"曝光"参数为 1.6、"对比度"参数为 60.0、"高光"参数为 40.0、"阴影"参数为 -20.0、"白色"参数为 20.0，如图 5-76 所示，调整后的画面效果如图 5-77 所示。

图 5-77

步骤 05　展开“曲线→RGB 曲线”卷展栏，在“RGB 曲线”中的曲线上添加锚点并调整曲线，如图 5-78 所示，调整后的效果如图 5-79 所示。

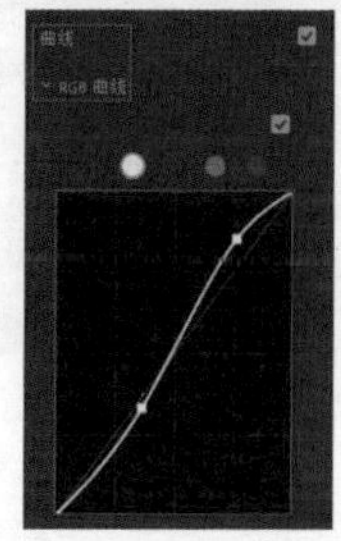
图 5-78

图 5-79

步骤 06　展开“色相饱和度曲线”卷展栏，单击“色相与饱和度”右侧的“吸管”按钮，吸取“节目：序列 01”面板画面中天空的蓝色，如图 5-80 所示。在“色相与饱和度”中将曲线中间的锚点适当向上拖曳，如图 5-81 所示。

图 5-80

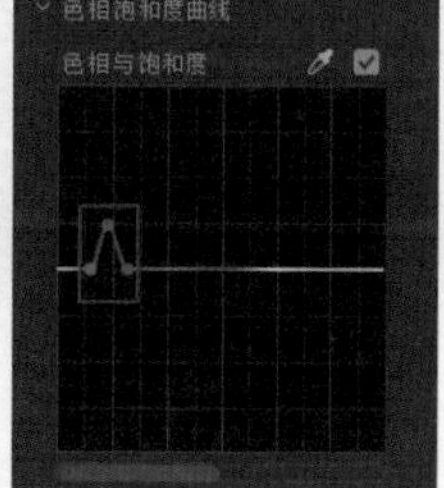

图 5-81

步骤 07　吸取“节目：序列 01”面板画面中道路的颜色，同样进行拖曳调整，如图 5-82 和图 5-83 所示。

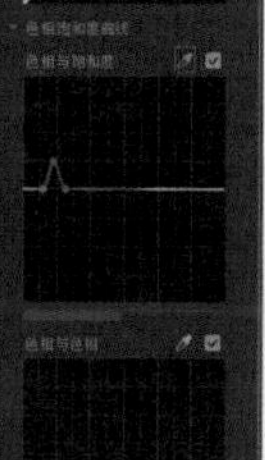
图 5-82

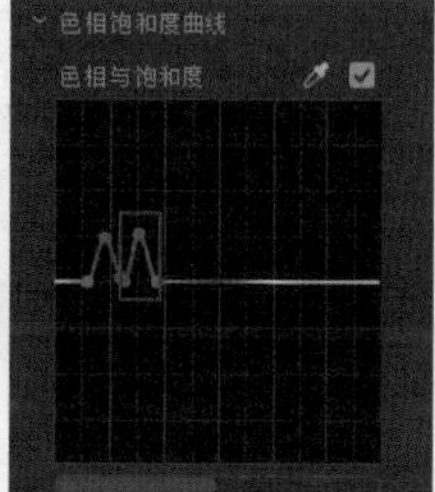

图 5-83

步骤 08　在“时间轴”面板中选择 V3 轨道的“调整图层”并右击，在弹出的快捷菜单中执行“速度/持续时间”命令，在打开的对话框中调整“持续时间”为 00:00:47:13，单击“确定”按钮如图 5-84 所示，效果如图 5-85 所示。

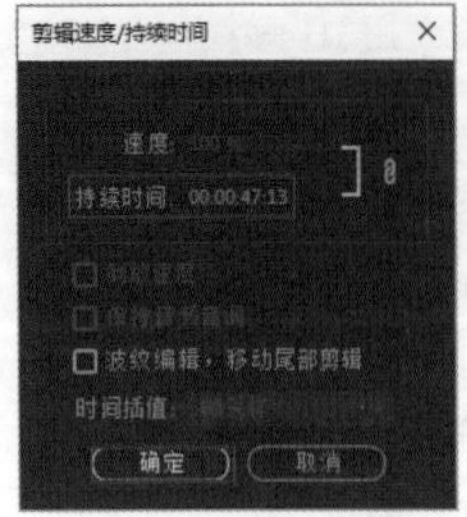

图 5-84

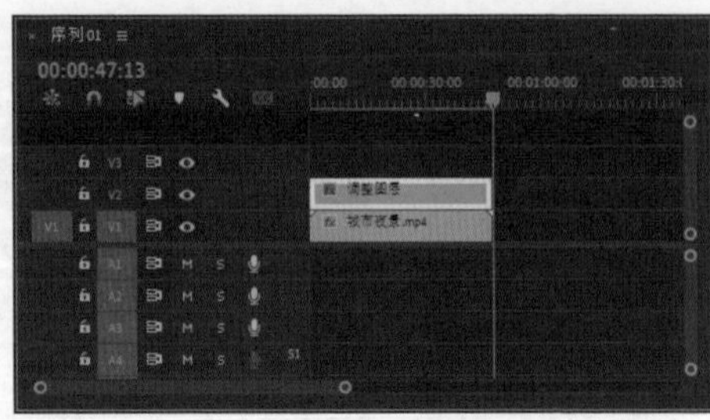

图 5-85

步骤 09　在“项目：赛博朋克”面板中选择“城市夜景.mp4”素材，并将其拖曳至V3轨道上，取消链接并删除音频素材，如图 5-86 所示。

步骤 10　在“效果”面板中搜索“线性擦除”效果，将该效果拖曳至V3轨道的“城市夜景.mp4”素材上，如图 5-87 所示。

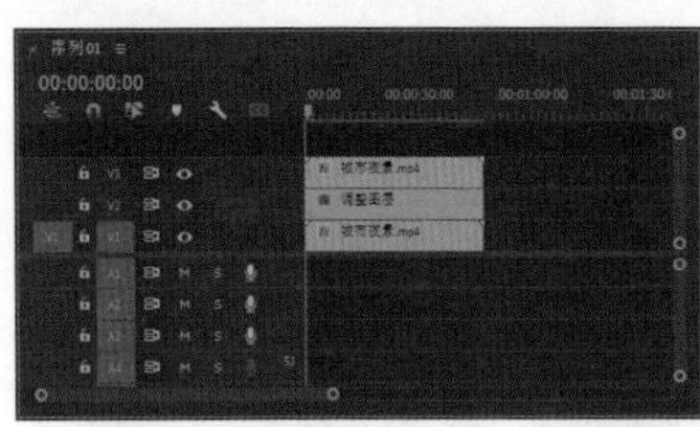

图 5-86

图 5-87

步骤 11　在“效果控件”面板中展开“线性擦除”卷展栏，单击“过渡完成”左侧的“切换动画”按钮，生成关键帧，如图 5-88 所示。将时间线移至00:00:22:19位置，设置“过渡完成”参数为100%，如图 5-89 所示。

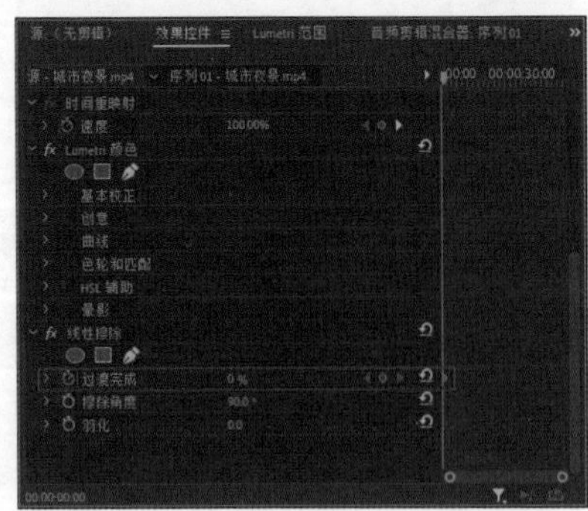

图 5-88

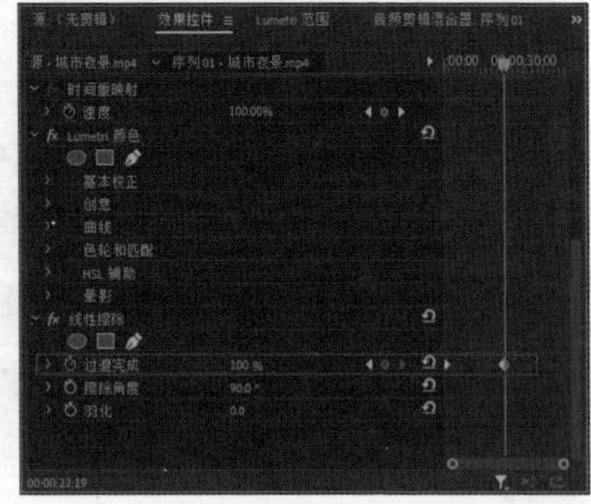

图 5-89

5.6 日系色调 清纯美女

日系清新风格的照片往往以偏蓝、偏青的冷色调为主（冷色调可传递出清凉、平静、安逸的视觉感受），又常常在局部融入橙色、黄色暖色调作为点缀（亮部偏青，暗部有暖色），形成对比和反差。下面将详细讲解日系色调的调色方法，案例效果如图 5-90 所示。

图 5-90

步骤 01 启动 Premiere Pro 软件，在菜单栏中执行“文件→打开项目”命令，打开路径文件夹中的“日系色调.prproj”文件。

步骤 02 可以看到“时间轴”面板中添加了素材，如图 5-91 所示。在“节目：序列 01”面板中可以预览当前素材的效果，如图 5-92 所示。

图 5-91

图 5-92

步骤 03 在“项目：日系色调”面板的空白区域右击，在弹出的快捷菜单中执行“新建项目→调整图层”命令，新建一个调整图层，将调整图层拖曳至“时间轴”面板的 V2 轨道上，如图 5-93 所示。

步骤 04 选择 V2 轨道的“调整图层”，在“Lumetri 颜色”面板中展开“基本校正”卷展栏，设置“色温”参数为 –13.0、“色彩”参数为 –7.0、“曝光”参数为 0.8、“对比度”参数为 –30.0、“高光”参数为 30.0、“阴影”参数为 –40.0、“白色”参数为 7.0，如图 5-94 所示。

图 5-93

图 5-94

步骤 05 展开“创意”卷展栏，设置“淡化胶片”参数为40.0、“自然饱和度”参数为–10.0、“饱和度”参数为80.0，如图 5-95 所示，调整后的画面效果如图 5-96 所示。

步骤 06 在“项目：日系色调”面板中选择“清纯美女.mp4”素材，并将其拖曳至V3轨道上，取消链接并删除音频素材，如图 5-97 所示。

图 5-95

图 5-96

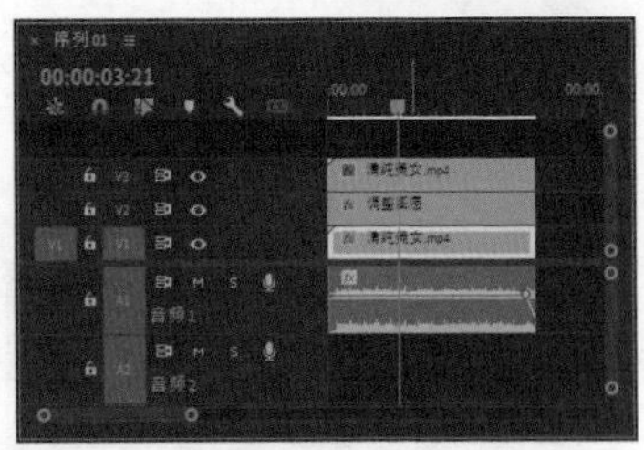

图 5-97

步骤 07 在“效果”面板中搜索“线性擦除”效果，将该效果拖曳至V3轨道的“清纯美女.mp4”素材上，如图 5-98 所示。

图 5-98

步骤 08 将时间线移至00:00:00:00位置，在“效果控件”面板中展开“线性擦除”卷展栏，单击“过渡完成”左侧的“切换动画”按钮，生成关键帧，如图 5-99 所示。将时间线移至00:00:03:00位置，设置“过渡完成”参数为100%，如图 5-100 所示。

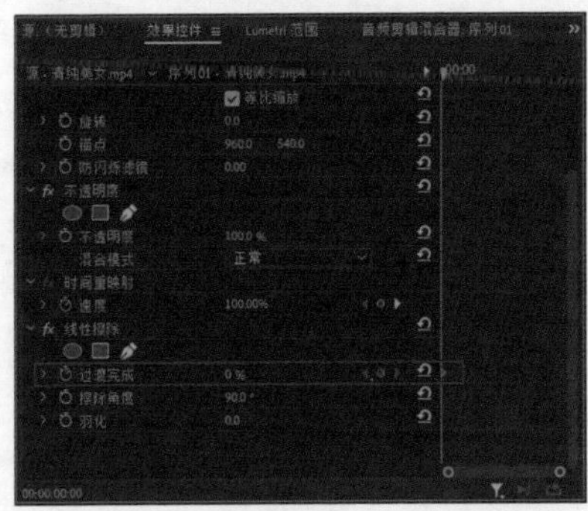

图5-99

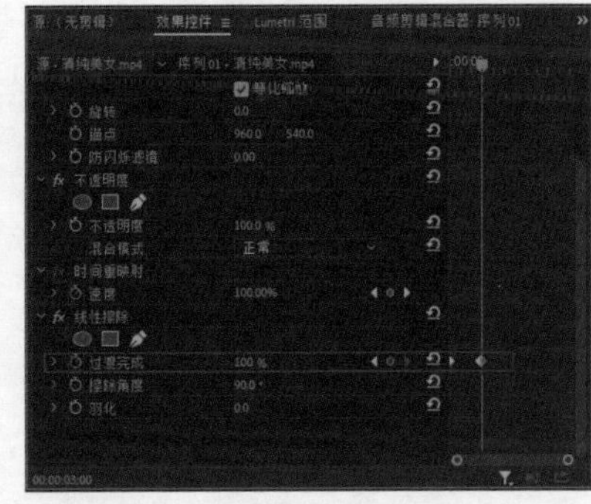

图5-100

第 6 章

使用视频效果打造创意画面

视频效果是Premiere Pro中非常重要的内容。视频效果的种类非常多，使用这些效果可以制作出各种风格、质感的视频。视频效果深受广大视频制作者的喜爱，被广泛应用于短视频、电影、广告等领域。添加视频效果可以使镜头转换更加流畅、自然，使画面更具艺术性。本章将介绍如何应用视频效果来丰富画面，提升视频的观赏性。

6.1 变化类 画面切割效果

在Premiere Pro中，使用“裁剪”效果可以制作出画面切割效果。下面将介绍具体的操作方法，案例效果如图 6-1 所示。

图6-1

步骤 01 启动Premiere Pro软件，在菜单栏中执行“文件→打开项目”命令，打开路径文件夹中的“变化类.prproj”文件。

步骤 02 可以看到“时间轴”面板中添加了素材，如图 6-2 所示。在“节目：序列 01”面板中可以预览当前素材的效果，如图 6-3 所示。

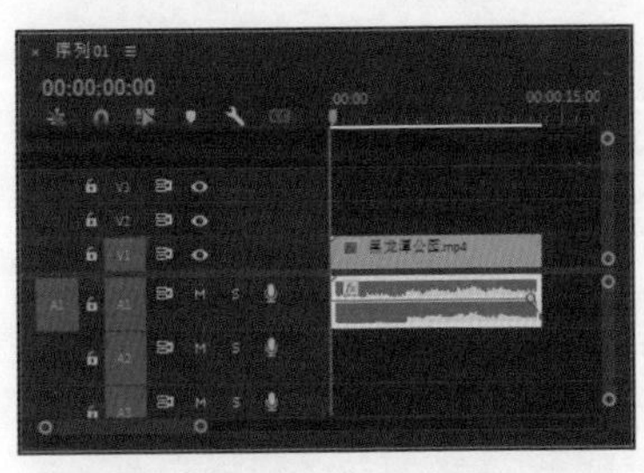

图6-2

图6-3

步骤 03 在“效果”面板中搜索“色彩”效果，将该效果拖曳到“时间轴”面板的V1轨道的“黑龙潭公园.mp4”素材上，画面将变成黑白效果，如图 6-4 所示。

步骤 04 在“效果”面板中搜索“裁剪”效果，将该效果拖曳至“时间轴”面板的V1轨道的“黑龙潭公园.mp4”素材上，如图 6-5 所示。

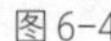

图6-4

图6-5

步骤05　在“效果控件”面板中，展开“裁剪”卷展栏，单击“左侧”和“右侧”左侧的“切换动画”按钮，开启自动关键帧，两个参数都设置为50.0%，如图6-6所示。

步骤06　将时间线移至00:00:00:18位置，设置“左侧”和“右侧”参数都为0.0%，如图6-7所示。

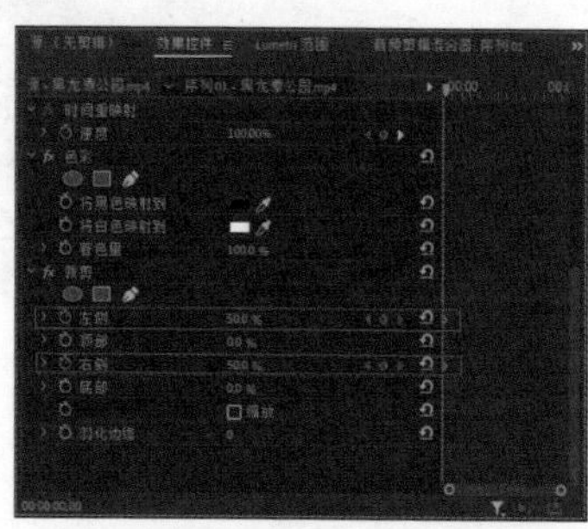

图6-6

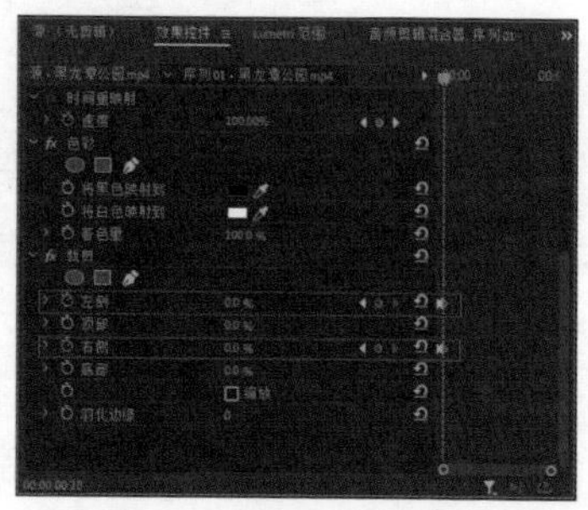

图6-7

步骤07　在“项目：变换类”面板中选择“黑龙潭公园.mp4”素材，并将其拖曳到“时间轴”面板的V2轨道上，使其与下方V1轨道的“黑龙潭公园.mp4”素材长度一致，然后添加“裁剪”效果，设置“左侧”和“右侧”参数都为50.0%，如图6-8所示。

步骤08　选择V2轨道的“黑龙潭公园.mp4”素材，将时间线移至00:00:00:18位置，设置“左侧”和“右侧”参数都为50.0%，如图6-9所示。

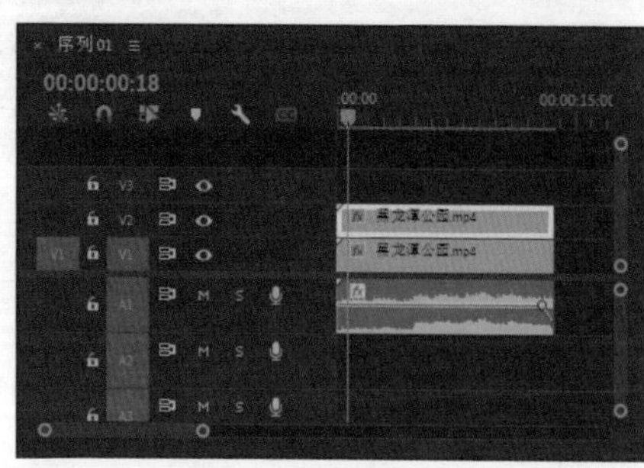

图6-8

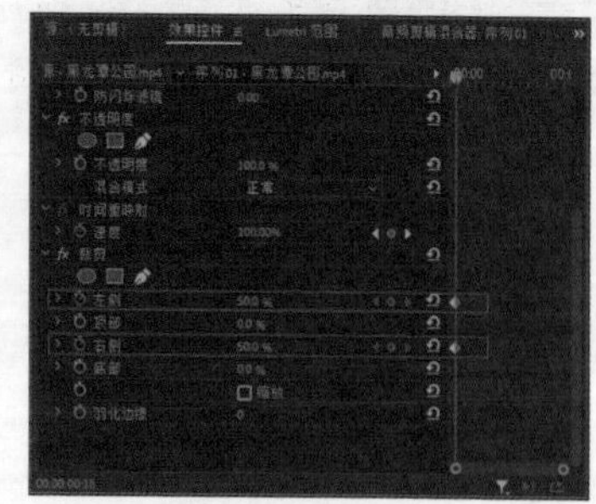

图6-9

步骤 09 移动时间线至00:00:01:20位置，设置“左侧”和“右侧”参数都为0.0%，如图6-10所示。

步骤 10 移动时间线至00:00:00:00位置，在“工具”面板中单击“文字工具”按钮T，在“节目：序列01”面板中输入“黑龙潭公园”文字，然后在“效果控件”面板中设置“字体”为“方正字迹-刘鑫标犷简体”，设置“字体大小”参数为123、“填充”颜色为白色，效果如图6-11所示。

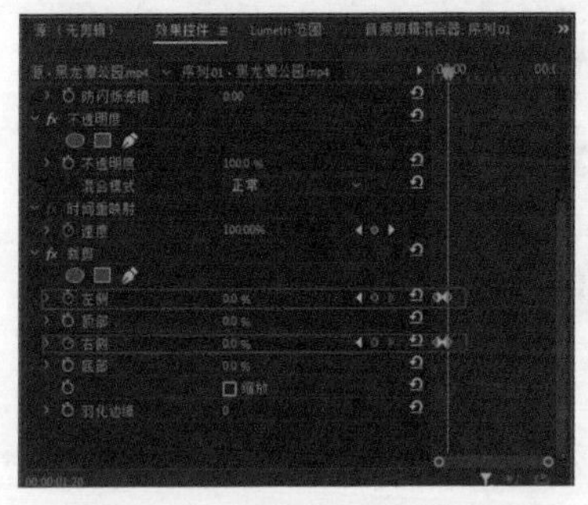

图6-10

图6-11

步骤 11 在“效果”面板中搜索“裁剪”效果，将该效果添加至V3轨道的“黑龙潭公园”字幕素材上，然后在00:00:00:20位置设置“顶部”参数为90.8%，单击“顶部”左侧的“切换动画”按钮，生成关键帧，如图6-12所示。

步骤 12 移动时间线至00:00:01:11位置，设置“顶部”参数为72.9%，如图6-13所示。

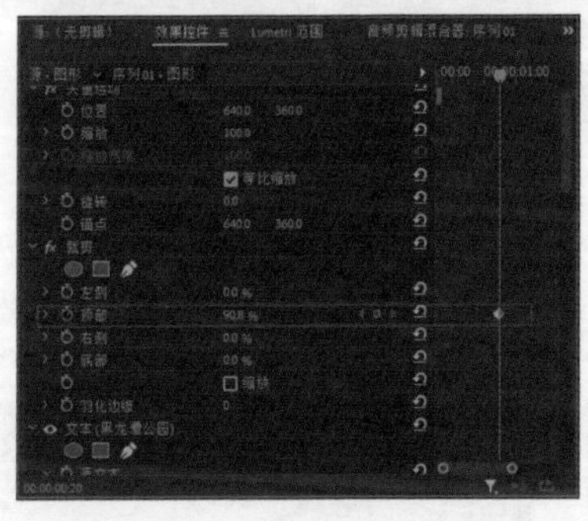

图6-12

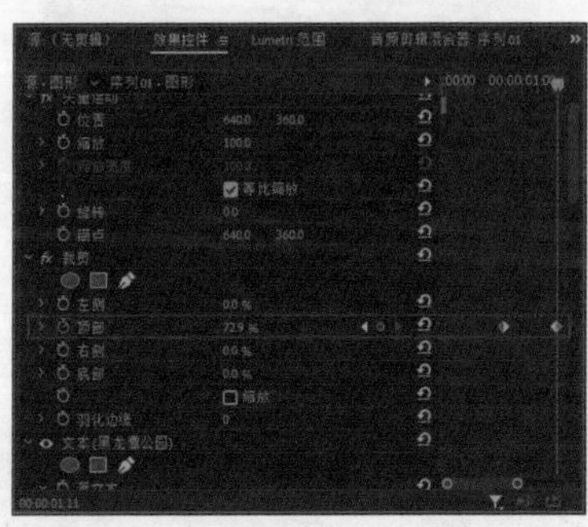

图6-13

6.2 扭曲类 大头人物效果

在很多趣味视频中，经常可以看到很有意思的大头人物效果，这种效果可以使用Premiere Pro中的“放大”效果来实现。下面将介绍制作大头人物效果的具体操作方法，案例效果如图6-14所示。

图6-14

步骤01 启动Premiere Pro软件，在菜单栏中执行“文件→打开项目”命令，打开路径文件夹中的“扭曲类.prproj”文件。

步骤02 可以看到“时间轴”面板中添加了素材，如图6-15所示。在“节目：序列01”面板中可以预览当前素材的效果，如图6-16所示。

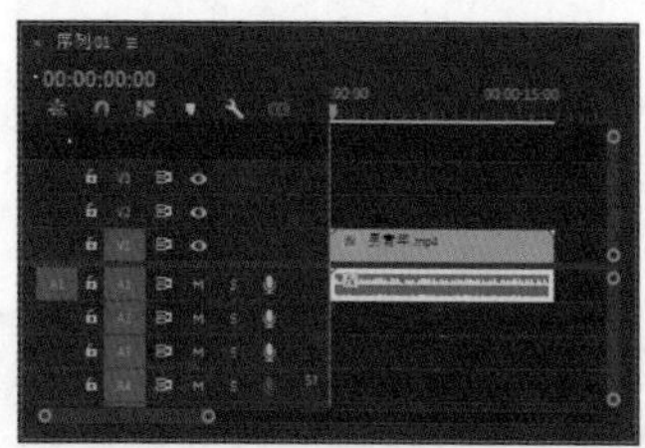

图6-15

图6-16

步骤03 在“效果”面板中搜索“放大”效果，将该效果拖曳到“时间轴”面板的V1轨道的“男青年.mp4”素材上，如图6-17所示。此时画面中会生成一个圆形区域，如图6-18所示。

图6-17

图6-18

步骤04 将时间线移至00:00:03:19位置，此时画面中的人物在做抓头发的动作，如图6-19所示。

步骤 05　在“效果控件”面板中设置“中央”参数为960.0和316.0、“放大率”参数为130.0，单击“中央”和“放大率”左侧的“切换动画”按钮，生成关键帧，然后设置“大小”参数为293.0、“羽化”参数为20，如图6-20所示，人物的头部将出现放大的效果。

图6-19

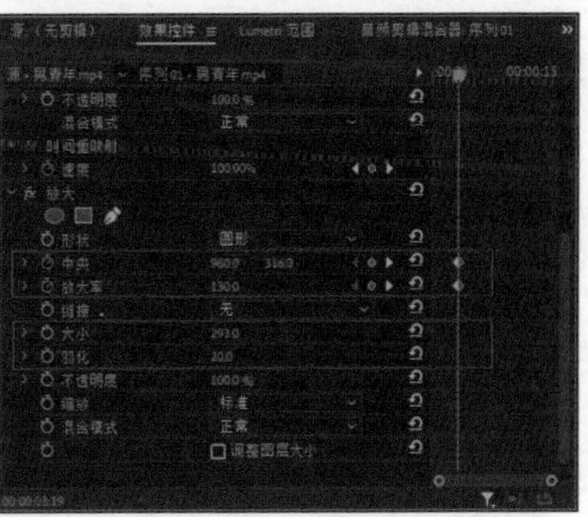

图6-20

步骤 06　移动时间线至00:00:15:02位置，添加相同的“中央”和“放大率”关键帧，如图6-21所示。此时人物保持大头效果，如图6-22所示。

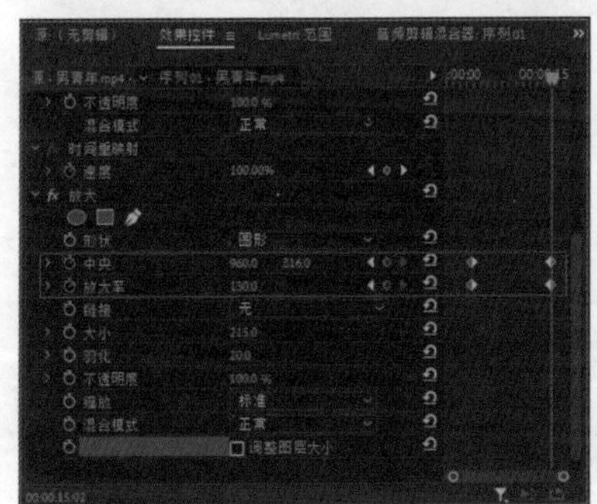

图6-21

图6-22

步骤 07　分别在00:00:02:17和00:00:15:22位置设置“放大率”参数为100.0，如图6-23所示，大头效果被取消，如图6-24所示。

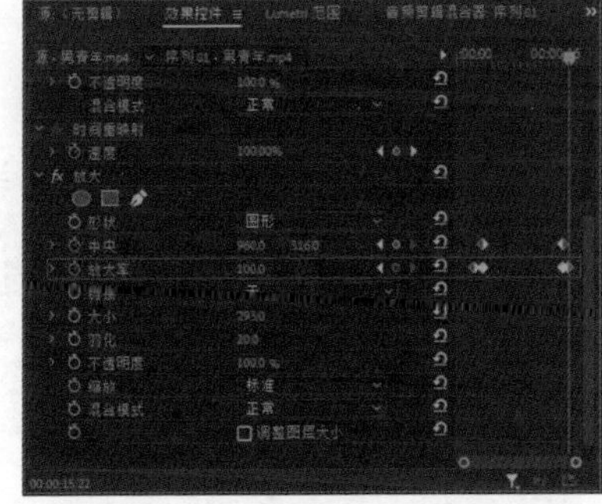

图6-23

图6-24

6.3 时间类 动作残影效果

在Premiere Pro中，使用“残影”效果可以制作出动作残影特效。下面将介绍具体的操作方法，案例效果如图6-25所示。

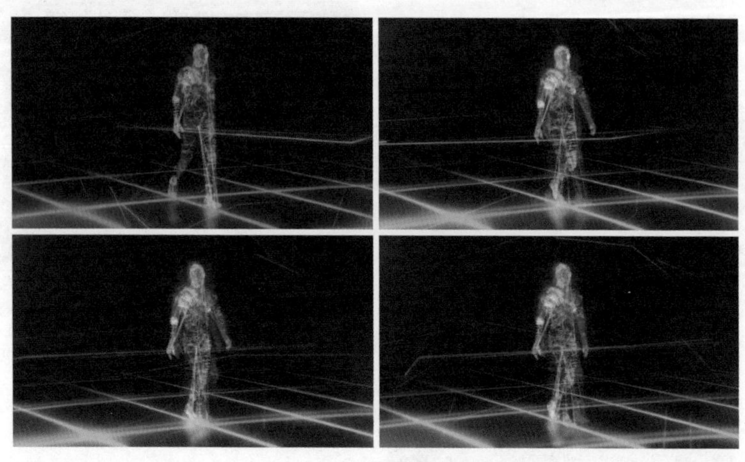

图6-25

步骤01 启动Premiere Pro软件，在菜单栏中执行“文件→打开项目”命令，打开路径文件夹中的“时间类.prproj”文件。

步骤02 可以看到“时间轴”面板中添加了素材，如图6-26所示。在“节目：序列01”面板中可以预览当前素材的效果，如图6-27所示。

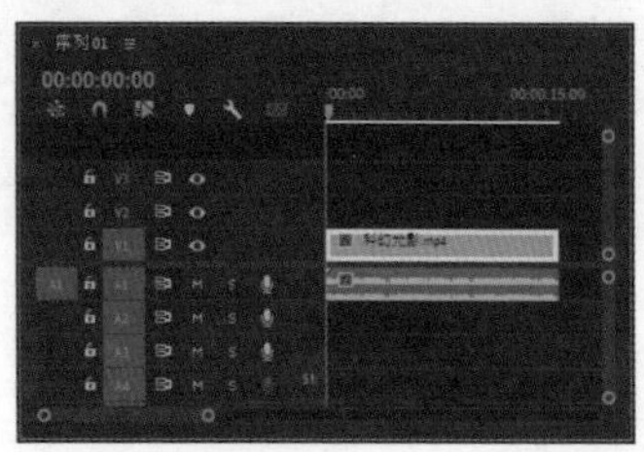

图6-26

图6-27

步骤03 选择“时间轴”面板中的“科幻光影.mp4”素材并向上拖曳，复制一份素材到V2轨道，如图6-28所示。

步骤04 在“效果”面板中搜索“残影”效果，将该效果拖曳到V2轨道的“科幻光影.mp4”素材上，如图6-29所示。

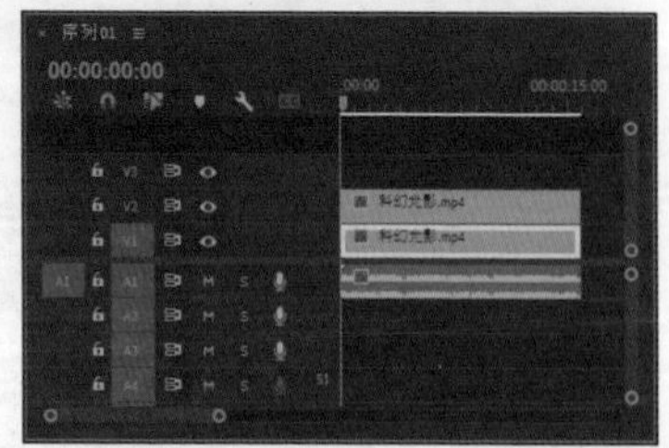

图6-28

步骤 05 在“效果控件”面板中设置“不透明度”参数为30.0%、“残影时间（秒）”参数为-1.250、“残影数量”参数为3、“残影运算符”为“从后至前组合”，如图 6-30所示。画面效果如图 6-31所示。

图6-29

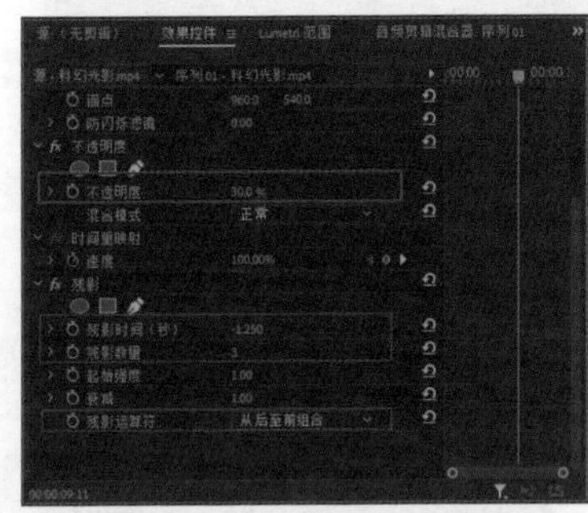

图6-30

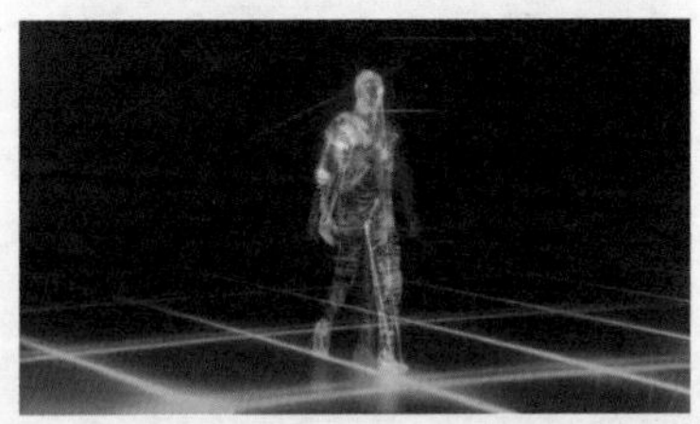

图6-31

提示

当“残影时间（秒）”参数是负值时，重复之前的动作；当“残影时间（秒）”参数是正值时，重复之后的动作。

6.4 生成类 天空中的闪电

在Premiere Pro中，使用“闪电”效果可以制作出闪电特效。下面将介绍具体的操作方法，案例效果如图 6-32所示。

图6-32

步骤 01 启动Premiere Pro软件，在菜单栏中执行“文件→打开项目”命令，打开路径文件夹中的“生成类.prproj”文件。

步骤 02 可以看到“时间轴”面板中添加了素材，如图6-33所示。在“节目：序列01”面板中可以预览当前素材的效果，如图6-34所示。

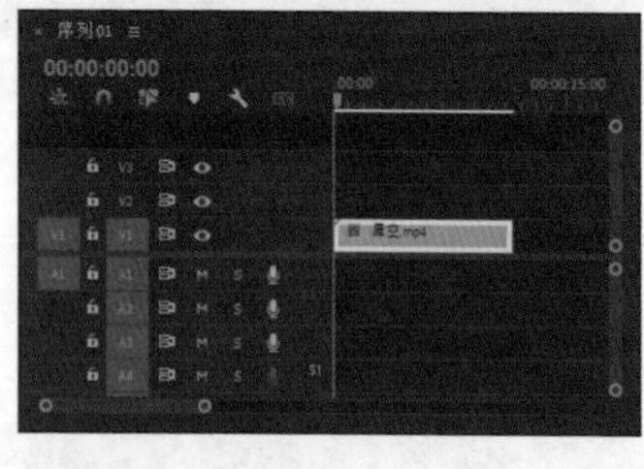
图6-33

图6-34

步骤 03 在“效果”面板中搜索“闪电”效果，将该效果拖曳到“时间轴”面板的V1轨道的“星空.mp4”素材上，如图6-35所示，画面效果如图6-36所示。

图6-35

图6-36

步骤 04 在“效果控件”面板中设置“起始点”参数为-9.0和228.0、“结束点”参数为642.0和170.0、“细节级别”参数为8，如图6-37所示，画面效果如图6-38所示。

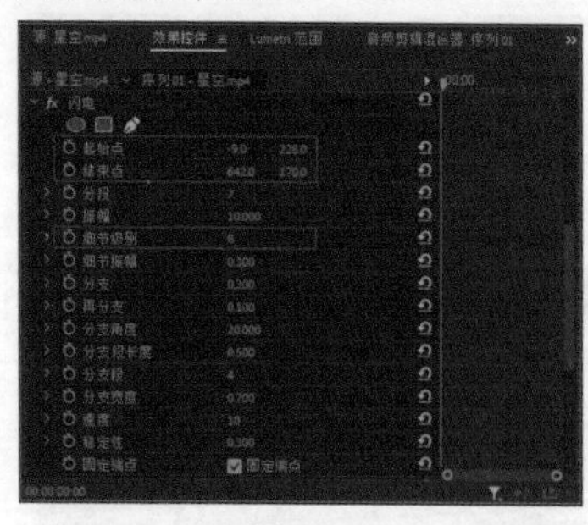
图6-37

图6-38

步骤 05 在“效果”面板中搜索“闪电”效果，将该效果拖曳到“时间轴”面板的V1轨道的“星空.mp4”素材上，然后在“效果控件”面板中设置“起始点”参数为818.0和354.0、“结束点”参数为1288.0和360.0、“细节级别”参数为8，如图6-39所示，画面效果如图6-40所示。

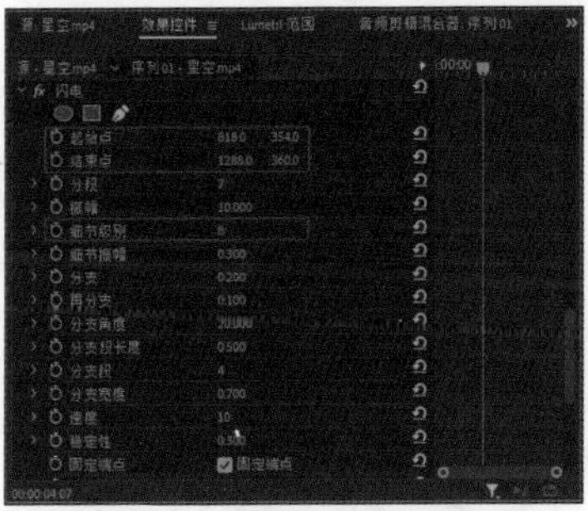

图6-39

图6-40

步骤 06 在“效果控件”面板中单击“结束点”左侧的“切换动画”按钮，生成关键帧，将时间线移至00:00:03:11位置，设置“结束点”参数为491.0和170.0，如图 6-41所示。

步骤 07 在“项目：生成类”面板中，选择“下雨.mov”素材，将其拖曳至“时间轴”面板的V2轨道上，使之与下方V1轨道的“星空.mp4”素材同长，如图 6-42所示。

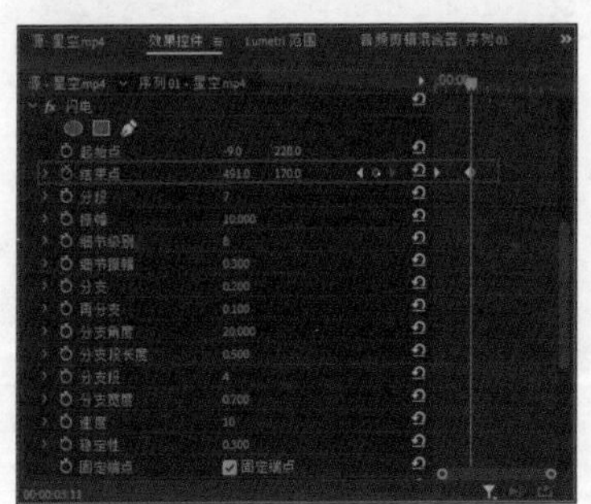

图6-41

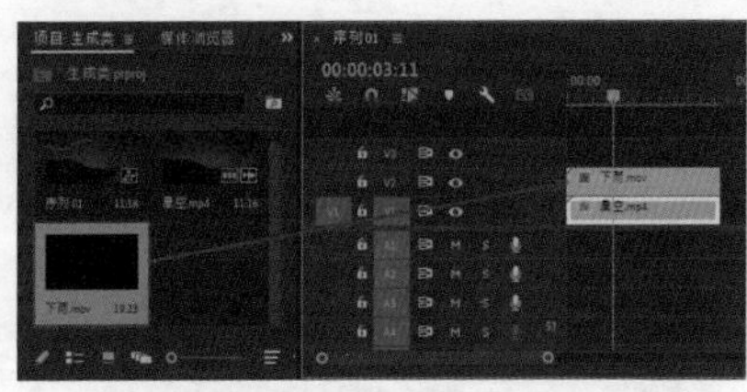

图6-42

步骤 08 在“项目：生成类”面板中，将“下雨音效.wav”素材拖曳至“时间轴”面板的A1轨道，将“打雷音效.wav”素材拖曳至“时间轴”面板的A2轨道，如图 6-43所示。裁剪音频，使其长度和视频素材一致，并降低音量，如图 6-44所示。

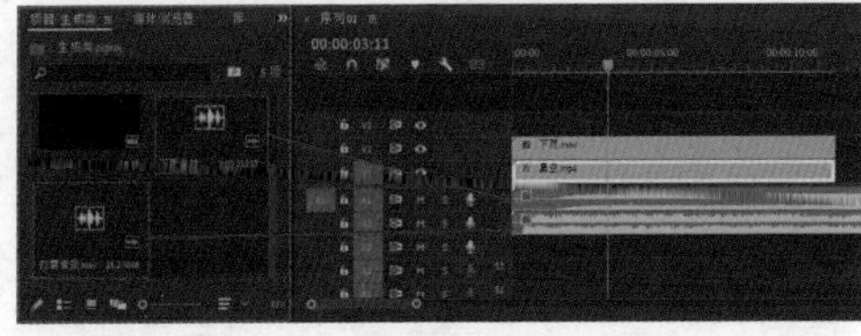

图6-43

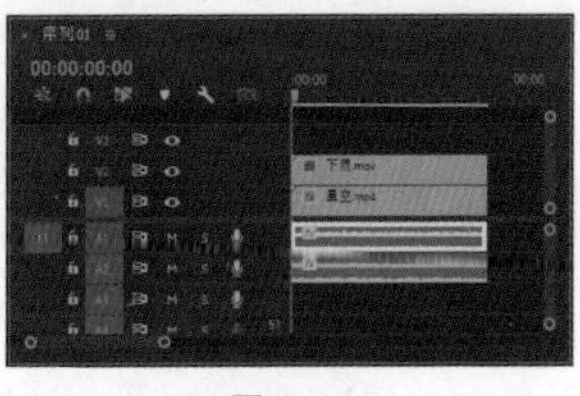

图6-44

6.5 风格化类 人物素描效果

在Premiere Pro中，使用“查找边缘”和“色彩”效果可以制作出人物素描效果。下面将介绍具体的操作方法，案例效果如图6-45所示。

图6-45

步骤 01 启动Premiere Pro软件，在菜单栏中执行“文件→打开项目”命令，打开路径文件夹中的“风格化类.prproj”文件。

步骤 02 可以看到“时间轴”面板中添加了素材，如图6-46所示。在“节目：序列01”面板中可以预览当前素材的效果，如图6-47所示。

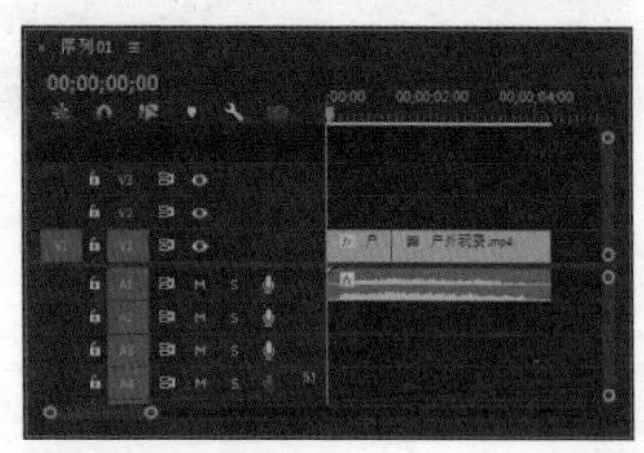

图6-46

图6-47

步骤 03 在“效果”面板中搜索“查找边缘”效果，将该效果拖曳到“时间轴”面板的V1轨道的第一段素材上，如图6-48所示。画面转换为线条效果，如图6-49所示。

图6-48

图 6-49

步骤 04 在“效果”面板中搜索“色彩”效果，将该效果拖曳到“时间轴”面板的 V1 轨道的第一段素材上，如图 6-50 所示。画面中的线条全部转换为黑色，如图 6-51 所示。

图 6-50

图 6-51

步骤 05 在“效果控件”面板中单击“与原始图像混合”左侧的“切换动画”按钮，生成关键帧，将时间线移至 00:00:01:07 位置，设置“与原始图像混合”参数为 100%，如图 6-52 所示，画面转变为黑白色，如图 6-53 所示。

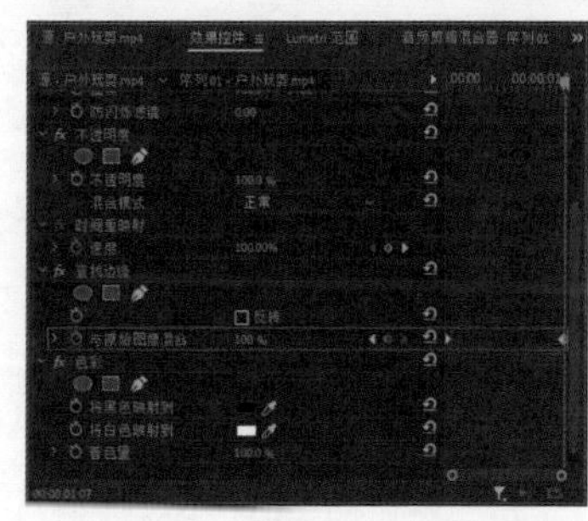

图 6-52

图 6-53

步骤 06 在“效果控件”面板中单击“着色量”左侧的“切换动画”按钮，生成关键帧，将时间线移至 00:00:01:07 位置，设置“着色量”参数为 0.0%，如图 6-54 所示，画面恢复为原始色彩，如图 6-55 所示。

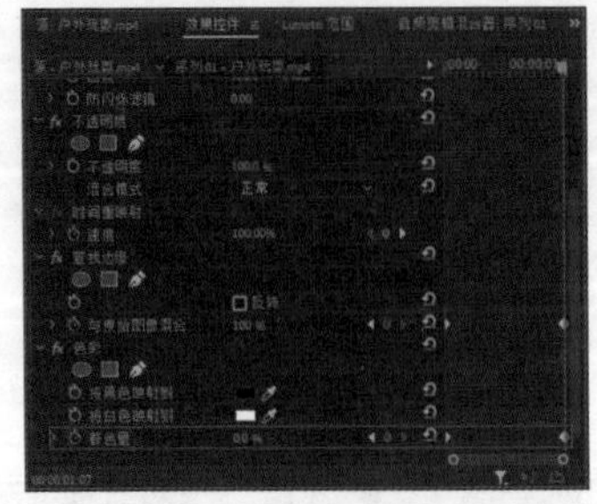

图 6-54

图 6-55

第 7 章

使用转场效果让视频过渡更自然

视频的转场效果又称为镜头切换效果，主要用于在影片中从一个场景过渡到另一个场景。使用转场效果可以极大地增强影片的艺术感染力，也可以改变视角，推动故事的进行，还可以避免镜头间的跳动。

7.1 内滑类过渡效果 房产宣传视频

“内滑”过渡效果组的效果主要是以滑动的形式来实现场景的切换。本案例将讲解使用“内滑”过渡效果组的效果制作房产宣传视频的操作方法，案例效果如图 7-1 所示。

图7-1

步骤 01 启动Premiere Pro软件，在菜单栏中执行“文件→打开项目”命令，打开路径文件夹中的“内滑类过渡效果.prproj”文件。

步骤 02 可以看到“时间轴”面板中添加了素材，如图 7-2所示。在“节目：序列01”面板中可以预览当前素材的效果，如图 7-3 所示。

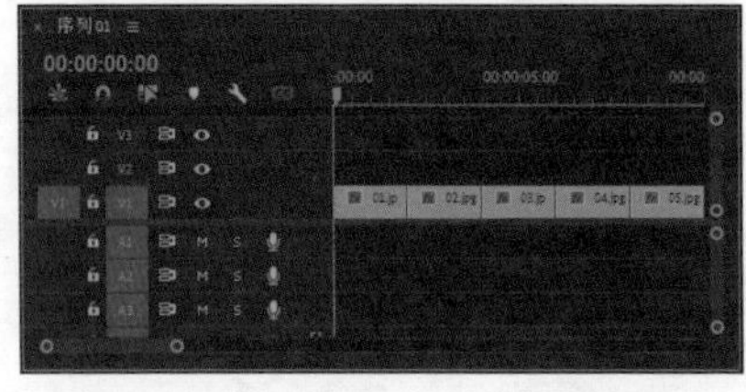

图7-2

图7-3

步骤 03 在“效果”面板中展开“视频过渡”卷展栏，在“内滑”过渡效果组中选中“中心拆分”效果，将该效果拖曳到“时间轴”面板的V1轨道中“01.jpg”和“02.jpg”素材相接的位置，如图 7-4所示。两个素材之间生成过渡剪辑，如图 7-5所示。

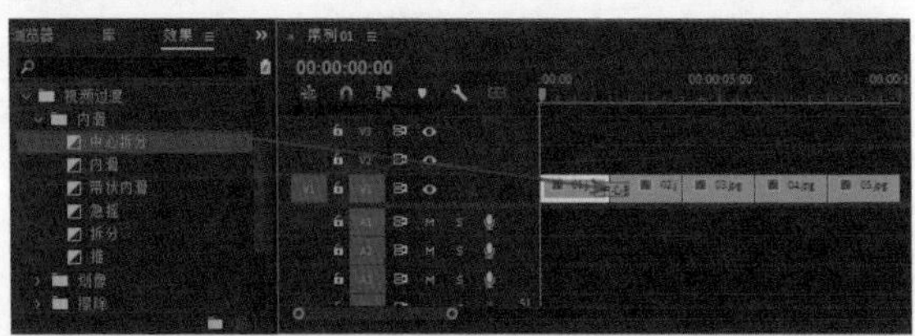

图7-4

图7-5

提示

双击过渡剪辑，可在弹出的对话框中修改“持续时间”参数。

步骤 04 在“内滑”过渡效果组中选中“内滑”效果，将其拖曳到“02.jpg”和“03.jpg”素材相接处，生成过渡剪辑，如图 7-6 所示。

步骤 05 在“内滑”过渡效果组中选中“推”效果，将其拖曳到“03.jpg”和“04.jpg”素材相接处，生成过渡剪辑，如图 7-7 所示。

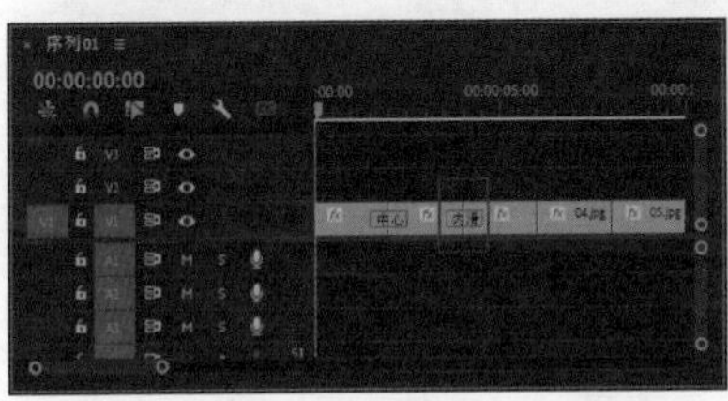

图7-6

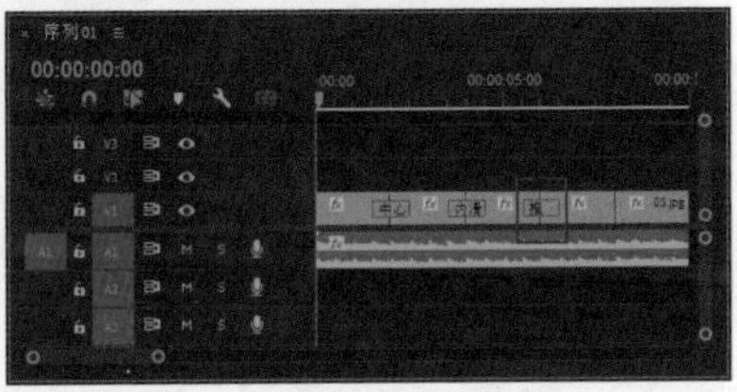

图7-7

步骤 06 在“内滑”过渡效果组中选中“拆分”效果，将其拖曳到“03.jpg”和“04.jpg”素材相接处，生成过渡剪辑，如图 7-8 所示。

步骤 07 在“项目：内滑类过渡效果”面板中选择“音乐.wav”素材，并将其拖曳至A1轨道上，用“剃刀工具”裁剪并删除多余的音频，使其与上方素材长度一致，如图 7-9 所示。

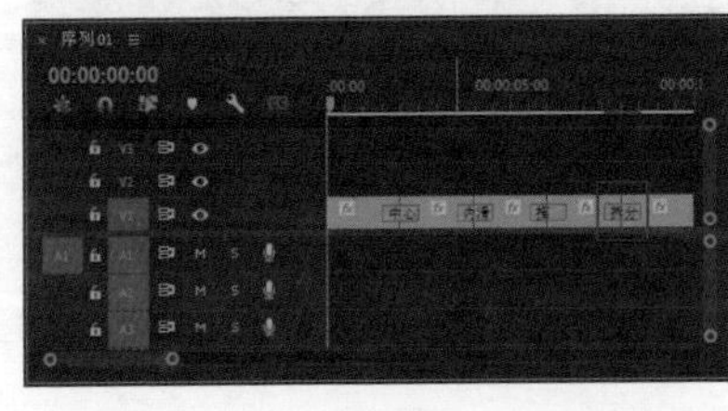

图7-8

图7-9

提示

若对添加的视频过渡效果不满意，可对效果进行删除操作。删除效果的具体方法是，在“时间轴”面板中选中需要删除的效果，按Delete键或Backspace键。此外，也可以右击过渡效果，在弹出的快捷菜单中执行“清除”命令。

7.2 划像类过渡效果 欢乐新年记录

“划像”过渡效果组的效果可以对一个场景进行伸展，并逐渐切换到另一个场景。本案例将详细讲解使用“划像”过渡效果组的效果制作欢乐新年记录视频的操作方法，案例效果如图 7-10所示。

图7-10

步骤01 启动Premiere Pro软件，在菜单栏中执行“文件→打开项目”命令，打开路径文件夹中的“内滑类过渡效果.prproj”文件。

步骤02 在“项目：划像类过渡效果”面板中选中“01.jpg”素材并将其拖曳至“时间轴”面板的V1轨道上，并缩放至合适的大小，效果如图 7-11所示。

步骤03 选择“01.jpg”素材，将“持续时间”设置为00:00:02:00，如图7-12所示。

图7-11

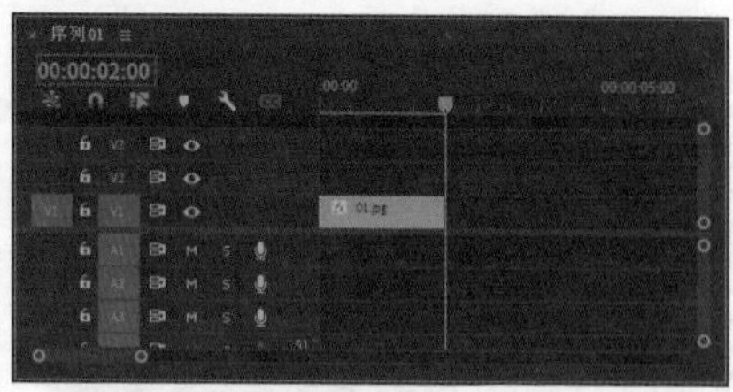

图7-12

步骤04 在“项目：划像类过渡效果”面板中将“02.jpg”“03.jpg”“04.jpg”和“05.jpg”素材文件依次放置到“时间轴”面板的V1轨道上，如图 7-13所示。将素材的“持续时间”均设置为00:00:02:00，并缩放至合适大小，效果如图 7-14所示。

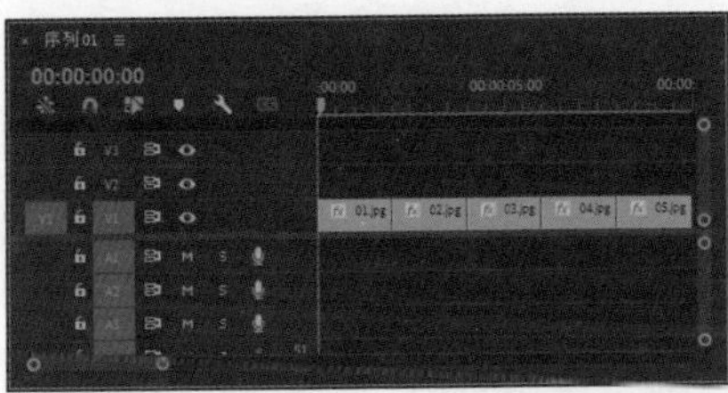

图7-13

图7-14

步骤05 在“效果”面板中展开“视频过渡”卷展栏，然后在“划像”过渡效果组中选择“交叉划像”效果，如图7-15所示。

提示

读者可以在“效果”面板中直接输入“交叉划像”进行搜索，从而快速选中该效果，如图7-16所示。

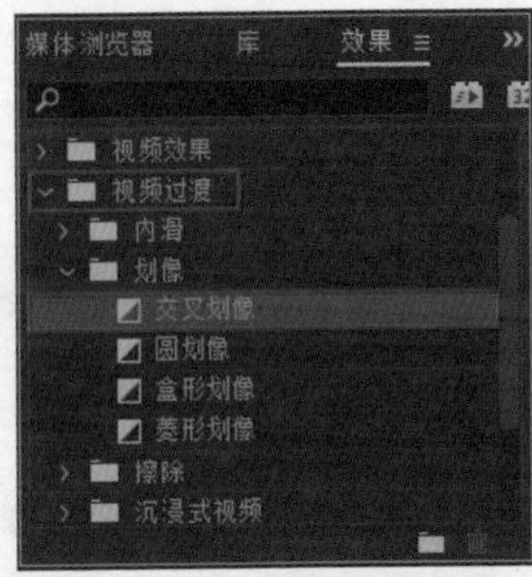

图7-15

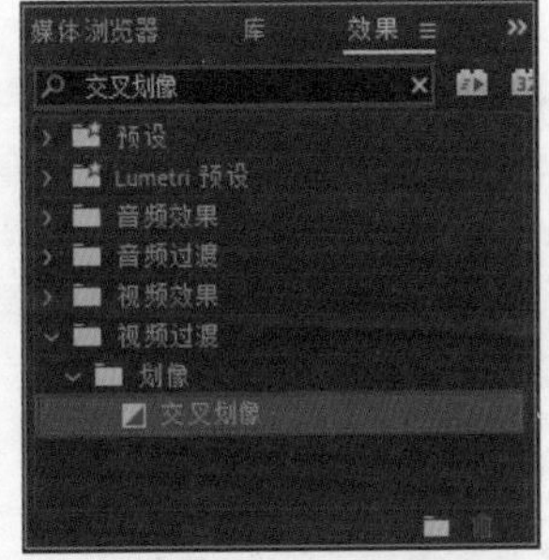

图7-16

步骤06 将“交叉划像”效果拖曳到“01.jpg”和“02.jpg”素材的相接位置，生成过渡剪辑，如图7-17所示。

步骤07 在“划像”过渡效果组中选中“圆划像”效果，将其拖曳到“02.jpg”和“03.jpg”素材的相接位置，生成过渡剪辑，如图7-18所示。

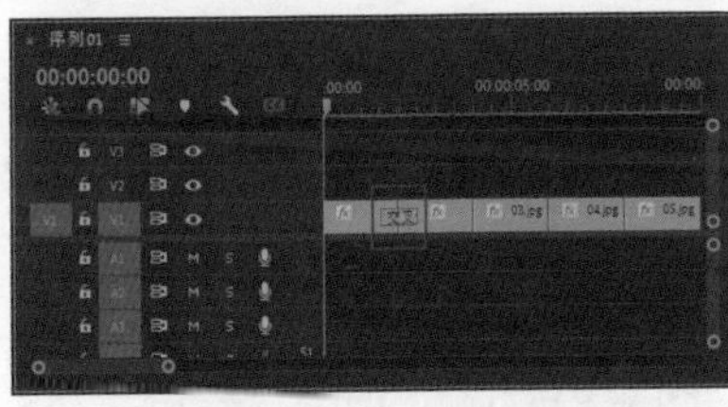

图7-17

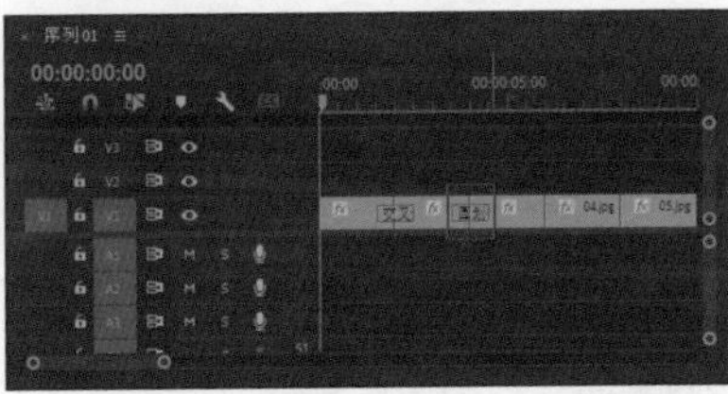

图7-18

步骤 08 选中“圆划像”效果，在“效果控件”面板中勾选“反向”复选框，如图 7-19 所示。这样“03.jpg”素材会包裹住“02.jpg”素材，效果如图 7-20 所示。

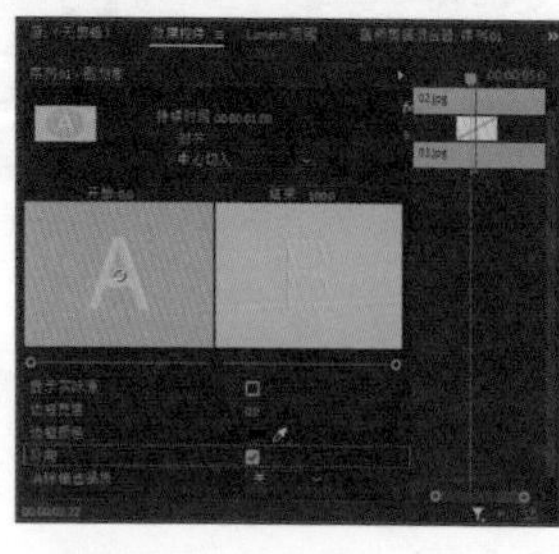
图7-19

图7-20

步骤 09 在“划像”过渡效果组中选中“盒形划像”效果，然后将其拖曳到“03.jpg”和“04.jpg”素材的相接位置，生成过渡剪辑，如图 7-21 所示。

步骤 10 在“划像”过渡效果组中选中“菱形划像”效果，然后将其拖曳到“04.jpg”和“05.jpg”素材的相接位置，生成过渡剪辑，如图 7-22 所示。

图7-21

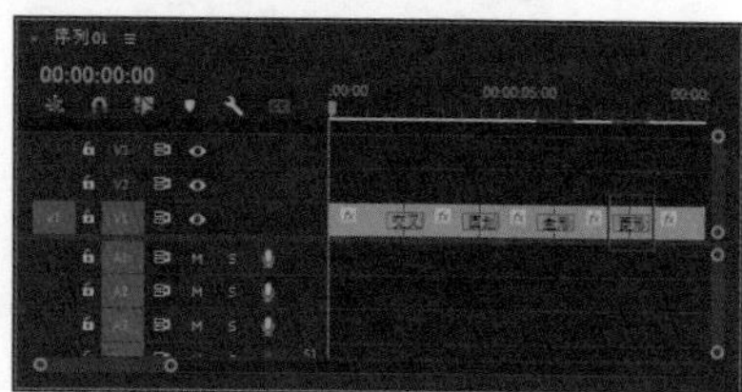
图7-22

步骤 11 选中“04.jpg”和“05.jpg”素材相接处的“菱形划像”效果，在“效果控件”面板中勾选“反向”复选框，效果如图 7-23 所示。

步骤 12 在“项目：划像类过渡效果”面板中选择“音乐.wav”素材，并将其拖曳至A1轨道上，用“剃刀工具”裁剪并删除多余的音频，使其与上方素材长度一致，如图 7-24 所示。

图7-23

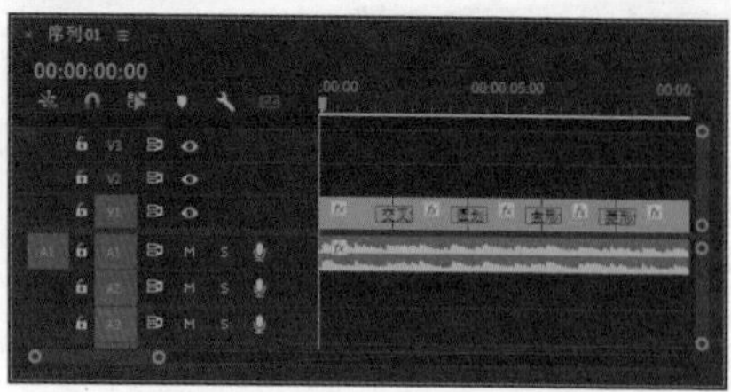
图7-24

7.3 擦除类过渡效果 动态毕业相册

“擦除”过渡效果组的效果主要通过两个场景的相互擦除来实现场景转换。本案例将详细讲解使用“擦除”过渡效果组的效果制作动态毕业相册的操作方法，案例效果如图 7-25 所示。

图7-25

步骤 01 启动Premiere Pro软件，在菜单栏中执行“文件→打开项目”命令，打开路径文件夹中的“擦除类过渡效果.prproj”文件。

步骤 02 在“项目：擦除类过渡效果”面板中选中“01.jpg”素材并将其拖曳至“时间轴”面板的V1轨道上，缩放至合适的大小，效果如图 7-26 所示。

步骤 03 选择“01.jpg”素材，将“持续时间”设置为00:00:01:00，如图7-27 所示。

图7-26

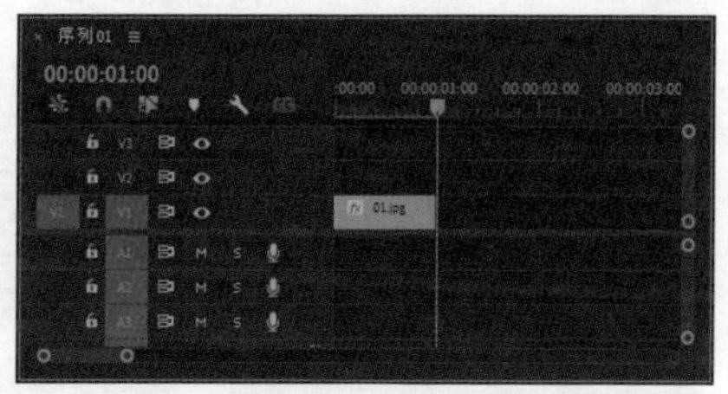

图7-27

步骤 04 依次将“项目：擦除类过渡效果”面板中的“02.jpg”“03.jpg”“04.jpg”“05.jpg”素材文件拖曳到“时间轴”面板的V1轨道上，并缩放至合适大小。将素材的“持续时间”均设置为00:00:01:00，如图 7-28 所示。画面效果如图 7-29 所示。

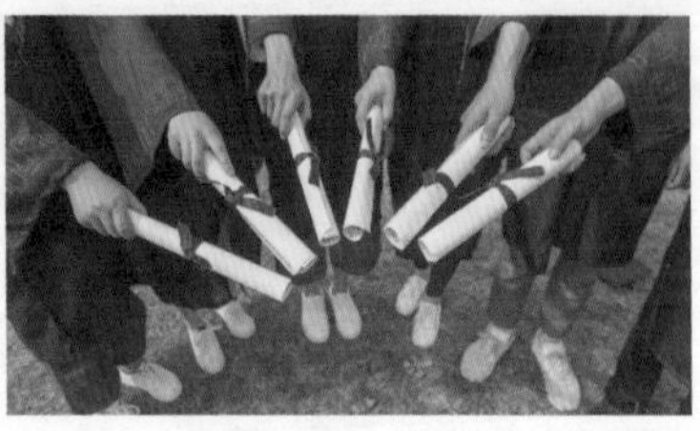

图7-28　　　　图7-29

步骤05 在“效果”面板中展开“视频过渡”卷展栏，然后在“擦除”过渡效果组中选中“划出”效果，将其拖曳到“01.jpg”和“02.jpg”素材的相接处，如图7-30所示。

提示

可以选中“时间轴”面板V1轨道的“划出”效果，在“效果控件”面板中调整划出的方向，如图7-31所示。

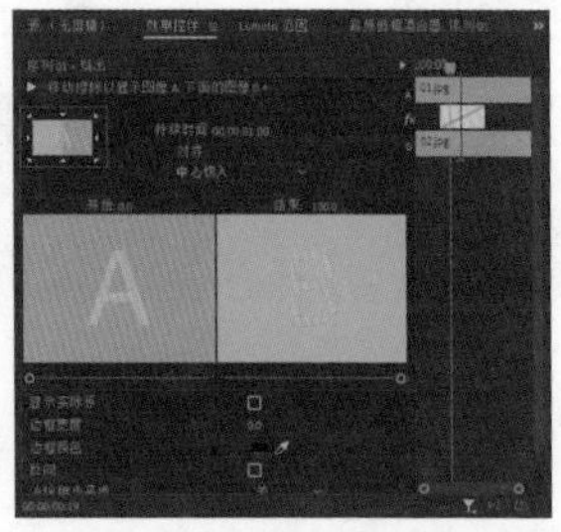

图7-30　　　　图7-31

步骤06 选中“划出”效果，在“效果控件”面板中设置“持续时间”为00:00:00:15，如图7-32所示。

步骤07 在“擦除”过渡效果组中选中“径向擦除”效果，将其拖曳到“02.jpg”和“03.jpg”素材的相接处，如图7-33所示。

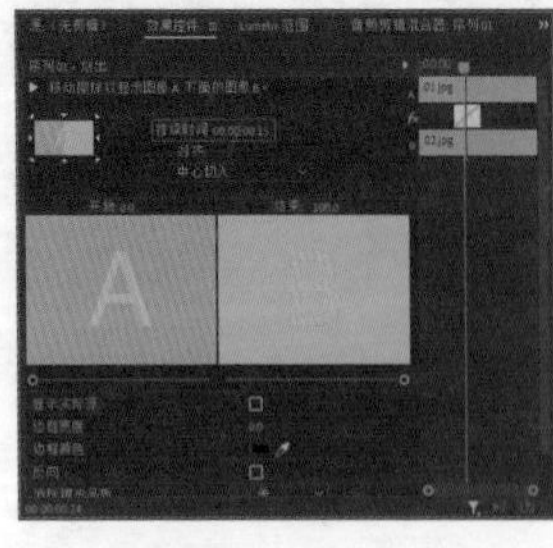

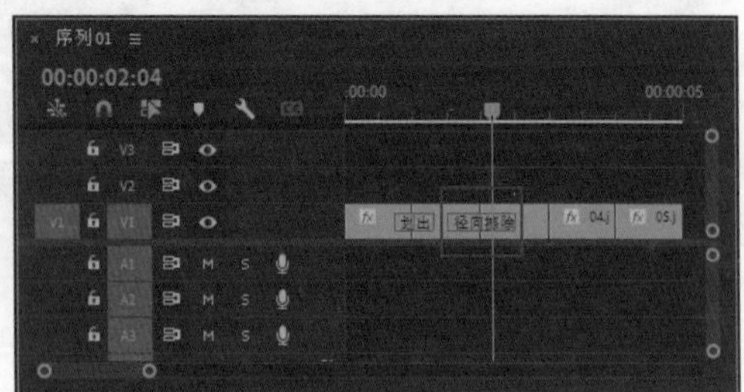

图7-32　　　　图7-33

步骤08 选中“径向擦除”效果，在“效果控件”面板中设置过渡方向为“自东北向西南”，设置“持续时间”为00:00:00:15，如图7-34所示。得到的画面效果如图7-35所示。

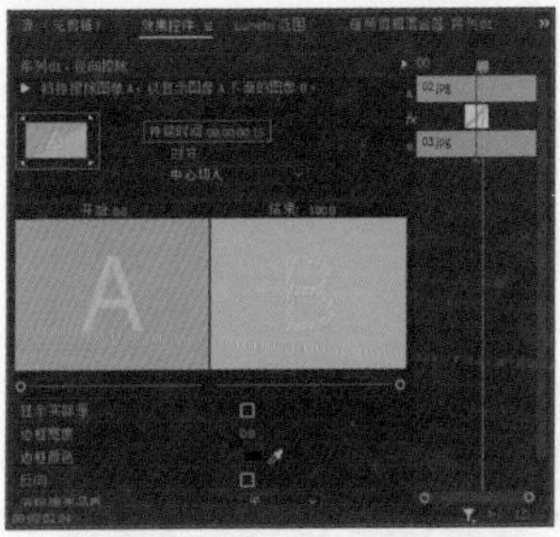

图 7-34

图 7-35

步骤 09　在“擦除”过渡效果组中选中“插入”效果，将其拖曳到“03.jpg”和“04.jpg”素材的相接处，如图 7-36 所示。

步骤 10　选中“插入”效果，在“效果控件”面板中设置过渡方向为“自东南向西北”，设置“持续时间”为 00:00:00:15，然后勾选“反向”复选框，如图 7-37 所示。

图 7-36

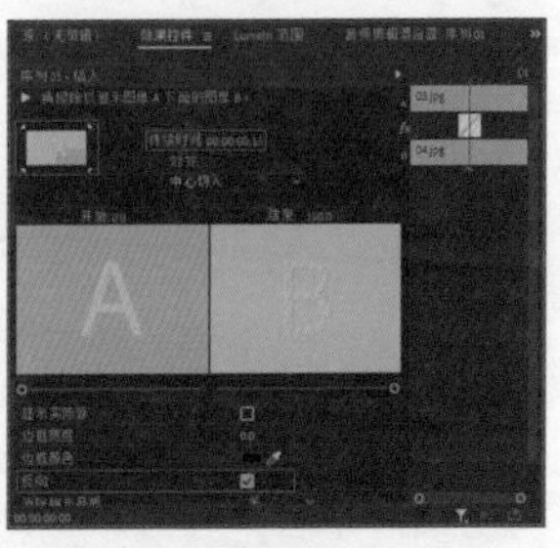

图 7-37

步骤 11　在“擦除”过渡效果组中选中“百叶窗”效果，将其拖曳到“04.jpg”和“05.jpg”素材的相接处，如图 7-38 所示。

步骤 12　选中“百叶窗”效果，在“效果控件”面板中单击“自定义”按钮，如图 7-39 所示。

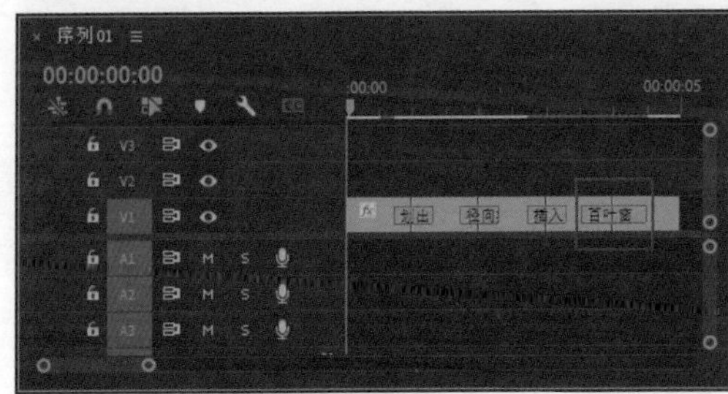

图 7-38

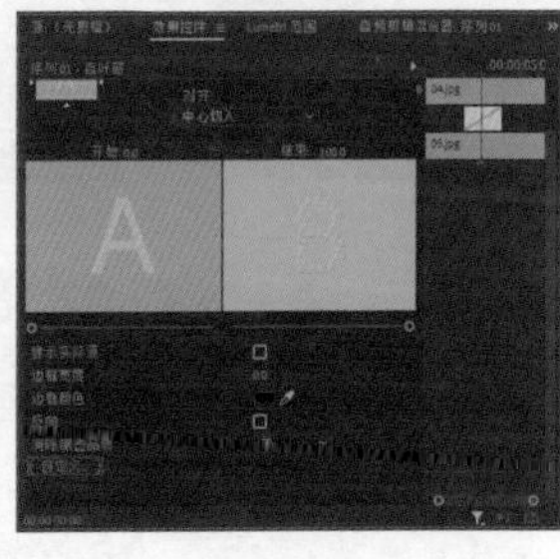

图 7-39

步骤13 在弹出的“百叶窗设置”对话框中设置“带数量”参数为5，然后单击“确定”按钮，如图 7-40所示。

步骤14 在“项目：擦除类过渡效果”面板中选择“音乐.wav”素材，并将其拖曳至A1轨道上，用“剃刀工具”裁剪并删除多余的音频，使其与上方素材长度一致，如图 7-41所示。

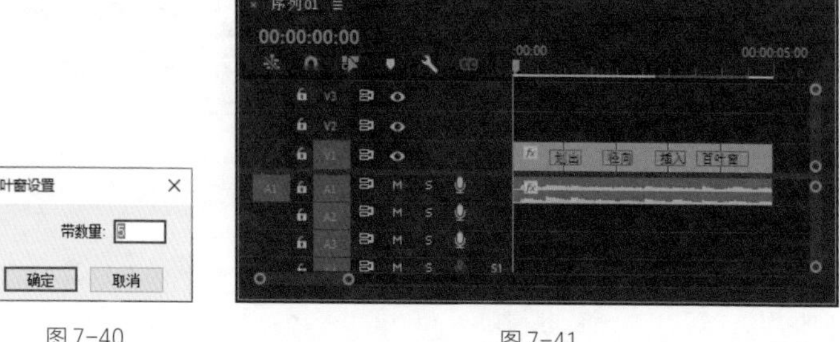

图7-40　　　　图7-41

提示

默认情况下，“百叶窗设置”对话框中的“带数量”参数为8，读者可按照实际情况设置该参数。

7.4 溶解类过渡效果 城市航拍视频

“溶解”过渡效果组的效果是编辑视频时常用的效果，可以较好地表现事物之间的缓慢过渡及变化。本案例将详细讲解使用“溶解”过渡效果组的效果制作城市航拍视频的操作方法，案例效果如图 7-42所示。

图7-42

步骤01 启动Premiere Pro软件，在菜单栏中执行“文件→打开项目”命令，打开路径文件夹中的“溶解类过渡效果.prproj”文件。

步骤02 可以看到“时间轴”面板中添加了素材，如图7-43所示。在“节目：序列01”面板中可以预览当前素材的效果，如图7-44所示。

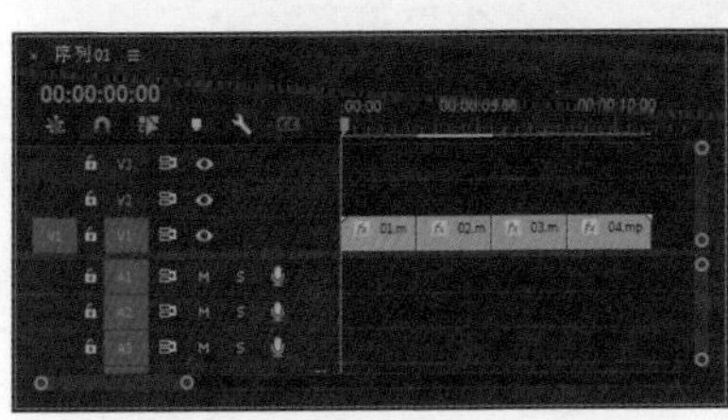

图7-43

图7-44

步骤03 在“效果”面板中展开“视频过渡”卷展栏，然后在“溶解”过渡效果组中选中“胶片溶解”效果，将其拖曳到“01.mp4”素材的起始位置，如图7-45所示。

步骤04 在“溶解”过渡效果组中选中“黑场过渡”效果，将其拖曳到“04.mp4”素材的末尾，如图7-46所示。

图7-45

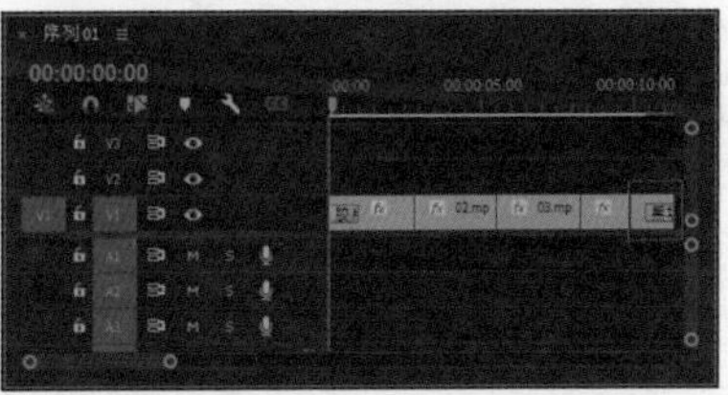

图7-46

步骤05 在“溶解”过渡效果组中选中“交叉溶解”效果，将其拖曳到“01.mp4”和“02.mp4”素材的相接处；选中“非叠加溶解”效果，将其拖曳到“02.mp4”和“03.mp4”素材的相接处；选中“叠加溶解”效果，将其拖曳到“03.mp4”和“04.mp4”素材的相接处，如图7-47所示。

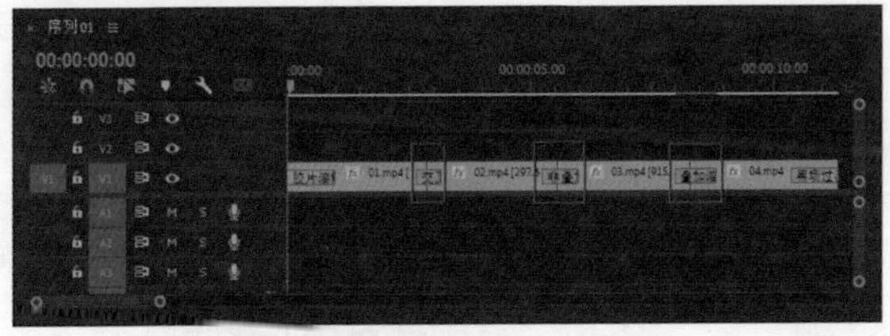

图7-47

步骤06 在“项目：溶解类过渡效果”面板中选择“音乐.wav”素材，并将其拖曳至A1轨道上，用“剃刀工具”裁剪并删除多余的音频，使其与上方素材长度一样，如图7-48所示。

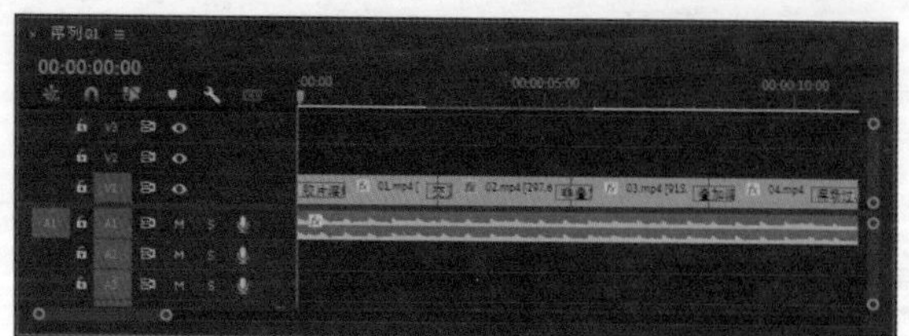

图7-48

7.5 页面剥落类过渡效果 四季交替视频

“页面剥落”过渡效果组的效果会模仿翻开书页的形式来实现场景画面的切换。本案例将详细讲解使用“页面剥落”过渡效果组的效果制作四季交替视频的操作方法，案例效果如图 7-49所示。

图7-49

步骤01 启动Premiere Pro软件，在菜单栏中执行“文件→打开项目”命令，打开路径文件夹中的“页面剥落类过渡效果.prproj”文件。

步骤02 选中“时间轴”面板的V1轨道的“四季交替.mp4”素材并右击，在弹出的快捷菜单中执行“取消链接”命令，如图 7-50所示。选择A1轨道中的音频素材，按Delete键将其删除。在“节目：序列01”面板中可以预览当前素材的效果，如图 7-51所示。

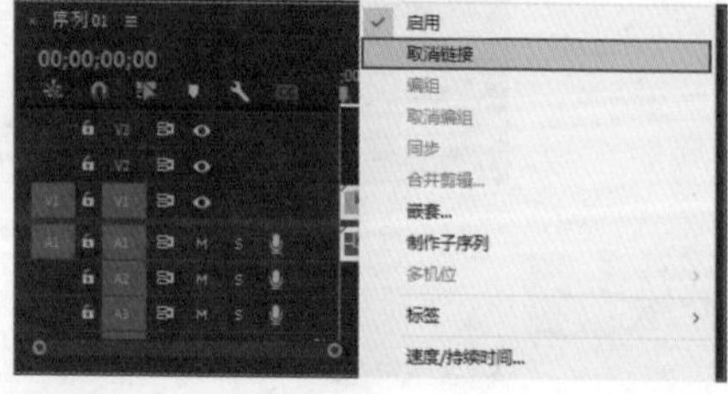

图7-50

图7-51

步骤 03 将时间线移至00:00:06:00位置，使用“剃刀工具”沿时间线所在位置进行分割操作，如图 7-52 所示。

步骤 04 将时间线移至00:00:12:15位置，使用“剃刀工具”沿时间线所在位置进行分割操作，如图 7-53 所示。

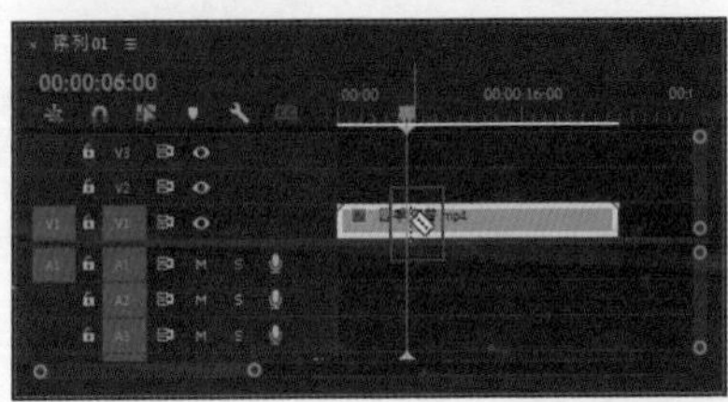

图7-52

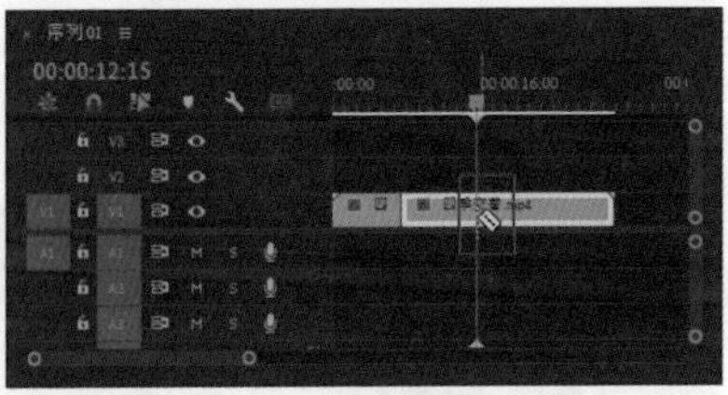

图7-53

步骤 05 将时间线移至00:00:18:09位置，使用“剃刀工具”沿时间线所在位置进行分割操作，如图 7-54 所示。

步骤 06 在“时间轴”面板中，拖动分割后的视频片段，使其呈阶梯状摆放，如图 7-55 所示。

图7-54

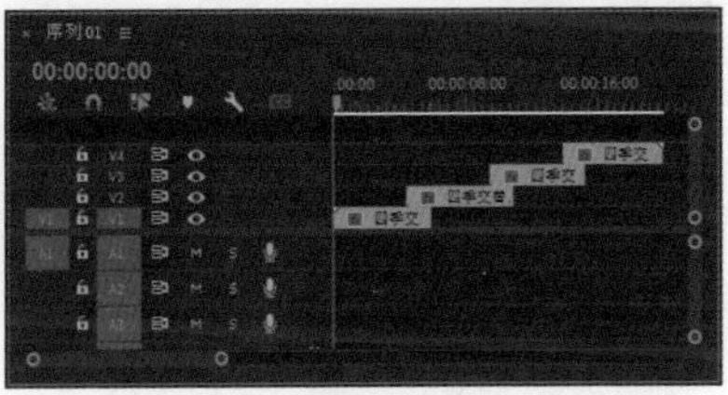

图7-55

步骤 07 在“效果”面板中展开“视频过渡”卷展栏，在“页面剥落”过渡效果组选中“翻页”效果，将其拖曳至V2轨道的“四季交替.mp4”素材的起始位置；选中“页面剥落”效果，将其拖曳至V3轨道的“四季交替.mp4”素材的起始位置；选中“翻页”效果，将其拖曳至V4轨道的“四季交替.mp4”素材的起始位置，如图 7-56 所示。

步骤 08 在"项目：页面剥落类过渡效果"面板中选择"音乐.wav"素材，并将其拖曳至A1轨道上，用"剃刀工具"裁剪并删除多余的音频，使其末尾与V4轨道的素材的末尾对齐，如图 7-57所示。

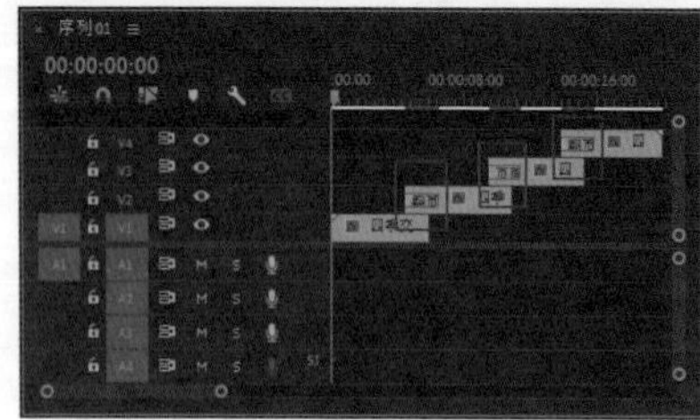

图7-56

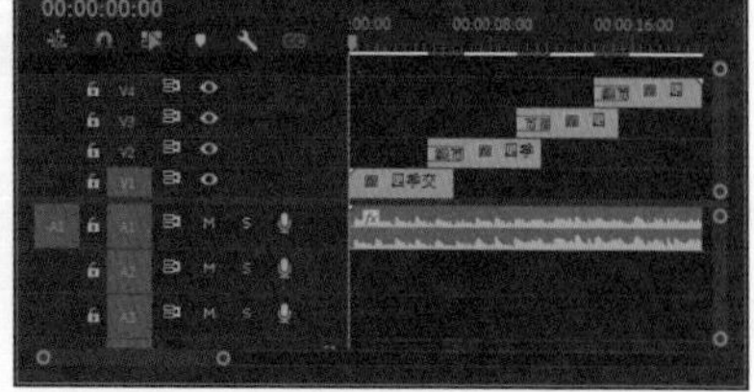

图7-57

7.6 通道类过渡效果 健身日记

本案例将详细讲解使用通道类过渡效果制作健身日记视频的操作方法，案例效果如图 7-58所示。

图7-58

步骤 01 启动Premiere Pro软件，在菜单栏中执行"文件→打开项目"命令，打开路径文件夹中的"通道类过渡效果.prproj"文件。

步骤 02 可以看到"时间轴"面板中添加了素材，如图 7-59所示。在"节目：序列01"面板中可以预览当前素材的效果，如图 7-60所示。

图 7-59

图 7-60

步骤 03 在 V2 轨道上添加“Scene 01.mov”素材，将时间线移至 00:00:02:00 位置，单击“剃刀工具”按钮，在时间线处进行分割，并删除时间线后方的“Scene 01.mov”素材，如图 7-61 所示。

步骤 04 移动时间线，可以观察到“Scene 01.mov”素材本身没有 Alpha 通道，无法在绿色部分显示下方的画面内容，如图 7-62 所示。

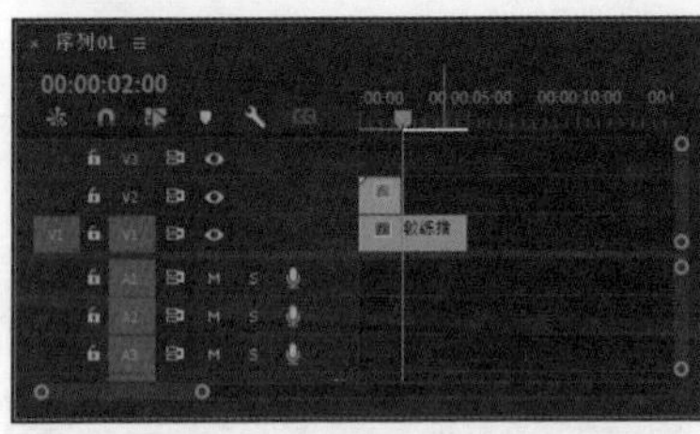

图 7-61

图 7-62

步骤 05 在“效果”面板中搜索“超级键”效果，将该效果拖曳至“Scene 01.mov”素材上。在“效果控件”面板中单击“主要颜色”右侧的“吸管”按钮，吸取“节目：序列 01”面板中的绿色，如图 7-63 所示。素材绿色部分被抠掉，显示出下方图片的内容，效果如图 7-64 所示。

图 7-63

图 7-64

步骤 06 在“项目：通道类过渡效果”面板中选择“健身房踩单车男生.jpg”素材并将其拖曳至“教练指导平板支撑.jpg”素材的后面，如图 7-65 所示。

步骤 07 移动时间线至 00:00:03:19 位置，在 V2 轨道上添加“Scene 02.mov”素材，将时间线移至 00:00:06:06 位置，单击“剃刀工具”按钮，在时间线处进行分割，并删除时间线后方的“Scene 02.mov”素材，如图 7-66 所示。

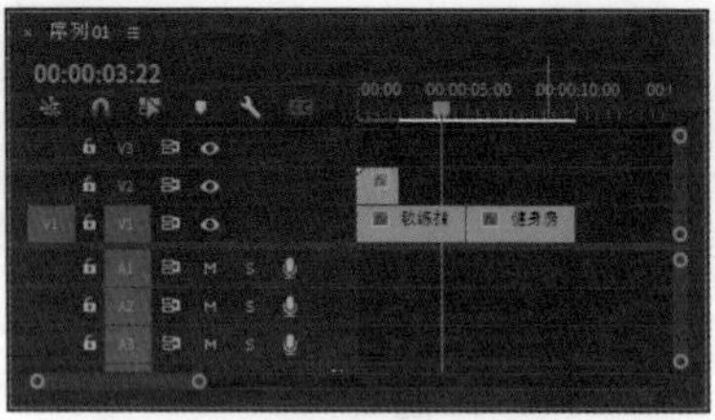

图7-65

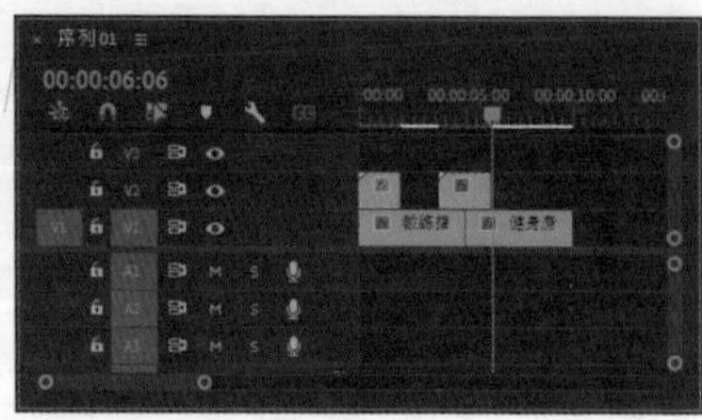

图7-66

步骤 08 在“效果”面板中搜索“超级键”效果，将该效果拖曳至“Scene 02.mov”素材上。在“效果控件”面板中单击“主要颜色”右侧的“吸管”按钮，吸取“节目：序列01”面板中的绿色，此时素材中的绿色部分被抠掉，显示出下方图片的内容，效果如图7-67所示。

步骤 09 在“项目：通道类过渡效果”面板中选择“跑步机运动健身.jpg”素材并将其拖曳至“健身房踩单车男生.jpg”素材的后面，如图7-68所示。

图7-67

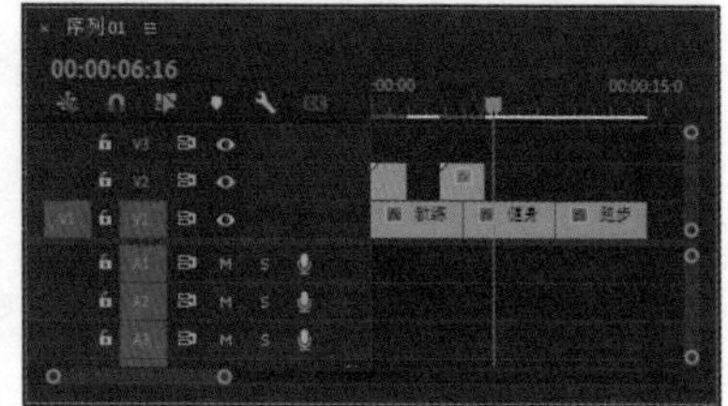

图7-68

步骤 10 移动时间线至00:00:08:18位置，在V2轨道上添加“Scene 03.mov”素材，将时间线移至00:00:11:11位置，单击“剃刀工具”按钮，在时间线处进行分割，并删除时间线后方的“Scene 03.mov”素材，如图7-69所示。

步骤 11 在“效果”面板中搜索“超级键”效果，将该效果拖曳至“Scene 03.mov”素材上。在“效果控件”面板中单击“主要颜色”右侧的“吸管”按钮，吸取“节目：序列01”面板中的绿色，此时素材中的绿色被抠掉，显示出下方图片的内容，效果如图7-70所示。

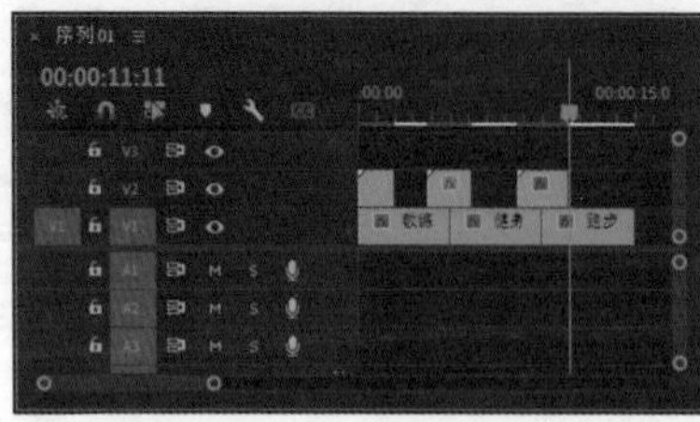

图7-69

图7-70

步骤12 在“效果”面板中搜索“交叉溶解”效果，将该效果依次添加至V2轨道的3段素材的尾部，如图 7-71 所示。

步骤13 在“项目：通道类过渡效果”面板中选择“音乐.wav”素材，将其拖曳至“时间轴”面板的A1轨道，并裁剪成与上方视频轨道的素材长度一致，如图 7-72 所示。

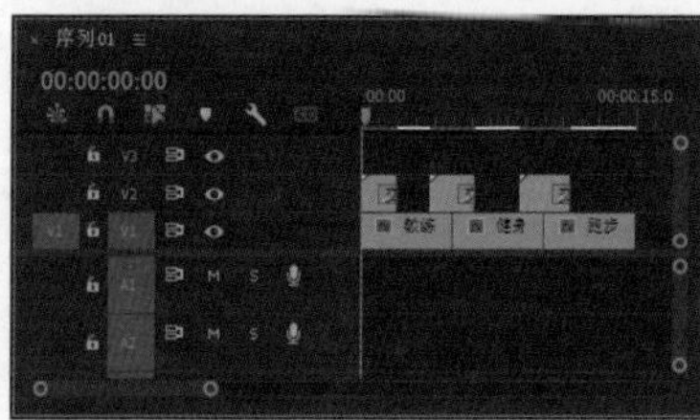

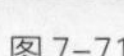
图7-71

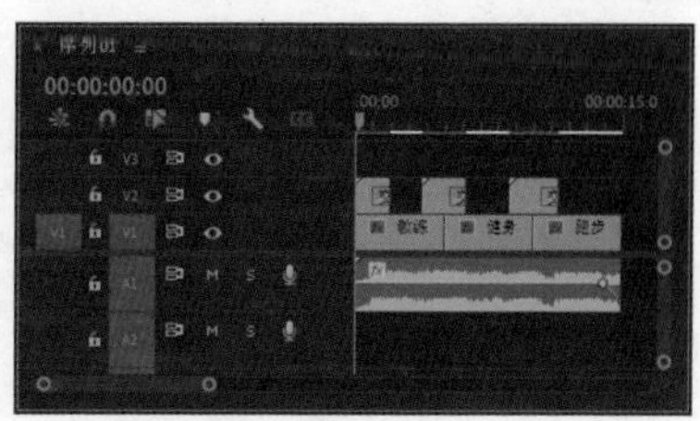

图7-72

第 8 章

添加关键帧让画面动起来

关键帧的作用主要是在视频的不同时间点设置不同的效果，从而使视频具有动感。其原理是通过改变物体在不同时间点的属性（如位置、大小、角度等）来让物体运动起来。关键帧可分为普通关键帧和动作脚本关键帧，只有用两个及以上的关键帧才能够制作出动画效果。

8.1 画中画动画 新闻采访视频

本案例将通过制作一个新闻采访视频，讲解通过添加“顶部”“底部”关键帧制作画中画效果的操作方法，案例效果如图 8-1 所示。

图 8-1

步骤 01 启动Premiere Pro软件，在菜单栏中执行“文件→打开项目”命令，打开路径文件夹中的“画中画动画.prproj”文件。

步骤 02 选中“时间轴”面板的V1轨道的“背景.mp4”素材，右击并在弹出的快捷菜单中执行“取消链接”命令，如图 8-2 所示。选择A1轨道中的音频素材，按Delete键将其删除。在“节目：序列01”面板中可以预览当前素材的效果，如图 8-3 所示。

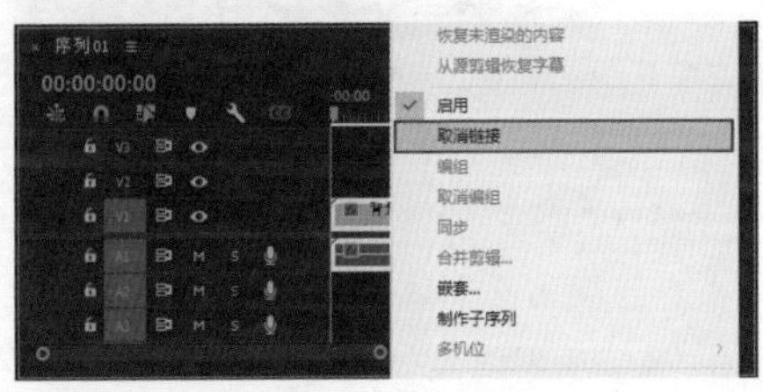

图 8-2

图 8-3

步骤 03 在“项目：画中画动画”面板中选中“元素.mov”素材，将其拖曳到“时间轴”面板的V2轨道上；选中“办公.mp4”素材，将其拖曳到“时间轴”面板的V3轨道上。选择音频轨道中的音频素材，按Delete键将其删除，如图 8-4 所示。

步骤 04 将时间线移至00:00:15:00位置，切换到“剃刀工具”，按Ctrl+Shift+C组合键，沿时间线位置进行分割操作，然后在“工具”面板中单击“选择工具”按钮，全选时间线后面的素材，按Delete键将其删除，如图 8-5 所示。

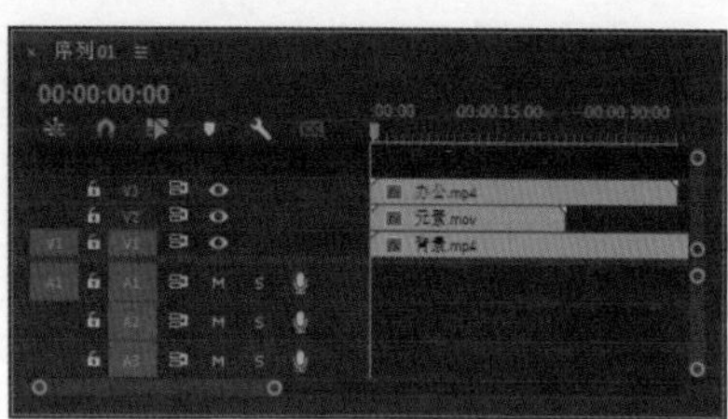

图8-4

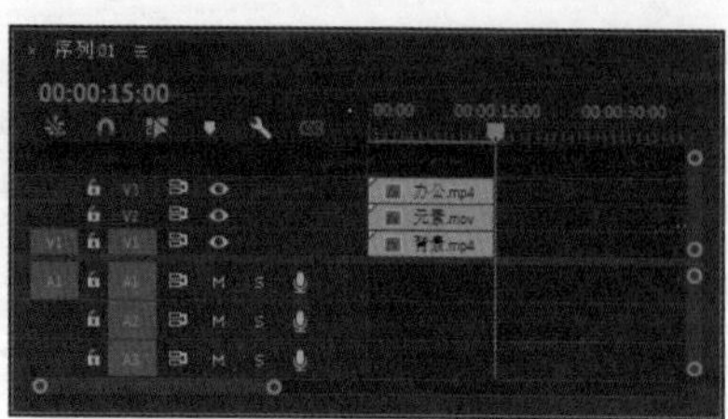

图8-5

提示

读者也可以向前拖曳素材的末尾，对素材进行裁剪，使其尾端与时间线对齐。

步骤 05 将时间线移至00:00:01:10位置，在“工具”面板中单击“矩形工具”按钮，在“节目：序列01”面板中绘制一个矩形，矩形应比“办公.mp4”素材稍大一些，如图 8-6所示。

步骤 06 在“效果控件”面板中，展开“形状（形状01）”卷展栏，取消勾选“填充”复选框，勾选“描边”复选框，将“描边”颜色设置为黄色，设置“描边宽度”参数为20.0、“描边方式”为“内侧”，如图 8-7所示。

图8-6

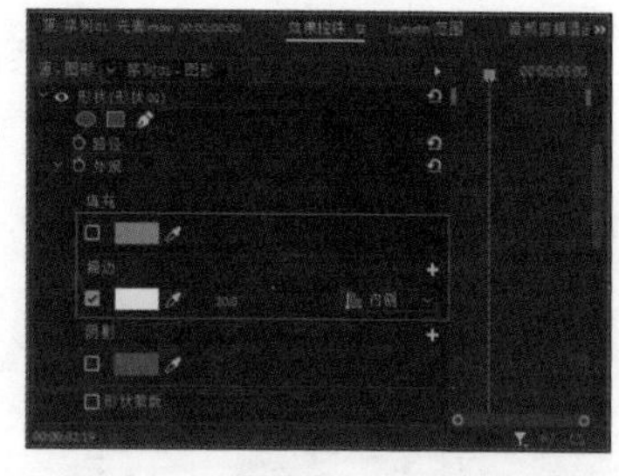

图8-7

提示

读者可根据实际情况设置“描边宽度”参数，不做硬性要求。

步骤 07 选中V4轨道的“图形”素材，使其与下方“办公.mp4”素材同长，如图 8-8所示。然后全选V3轨道和V4轨道上的素材，将其转换为嵌套序列，如图 8-9所示。

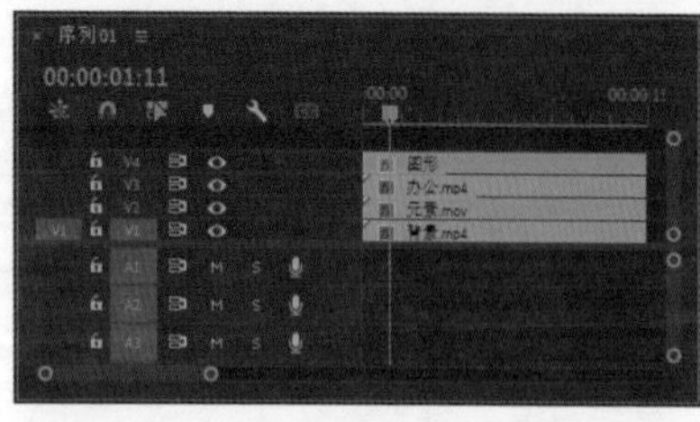

图8-8

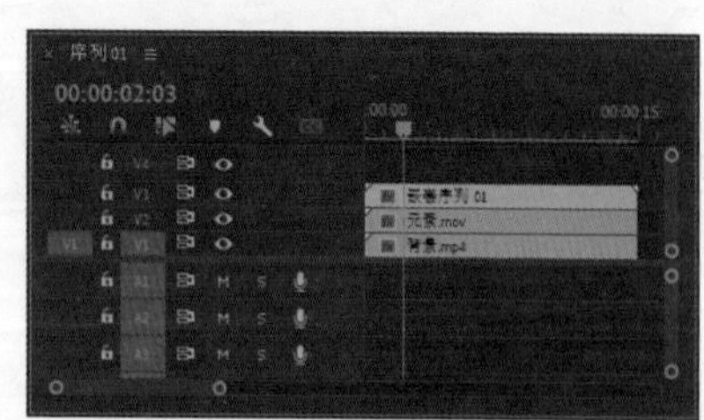

图8-9

步骤08 在“效果”面板中搜索“裁剪”效果，将该效果添加到“嵌套序列01”上，将时间线移至00:00:01:00位置。在“效果控件”面板中，单击“顶部”和“底部”左侧的“切换动画”按钮，生成关键帧，如图 8-10所示。画面效果如图 8-11所示。

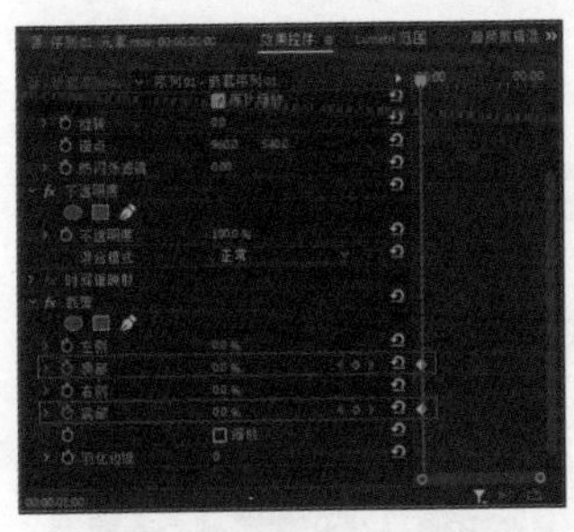

图8-10

图8-11

步骤09 将时间线移至00:00:00:17位置，设置“顶部”和“底部”参数均为50.0%，如图 8-12所示。画面效果如图 8-13所示。

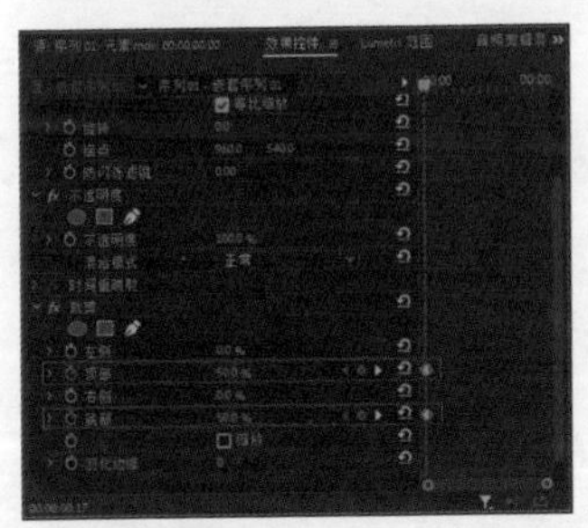

图8-12

图8-13

步骤10 移动时间线至00:00:00:23位置，在“工具”面板中单击“矩形工具”按钮。在“节目：序列01”面板中办公素材的右下角绘制一个矩形，设置“填充”颜色为淡蓝色、“描边”颜色为黄色，如图 8-14所示。

步骤11 单击“文字工具”按钮，在上一步绘制的矩形中输入“新闻采访”文字，调整文字的字体、字号和颜色，如图 8-15所示。

图8-14

图8-15

步骤 12　将V4轨道的“新闻采访”素材延长，使其与下方素材同长。在“效果”面板中搜索“交叉溶解”效果，将该效果拖曳至V4轨道的“新闻采访”素材的起始位置，如图 8-16所示。

步骤 13　在“项目：画中画动画”面板中选择“音乐.wav”素材并将其拖曳至A1轨道上，用“剃刀工具”裁剪并删除多余的音频，使其与上方素材长度一致，如图 8-17所示。

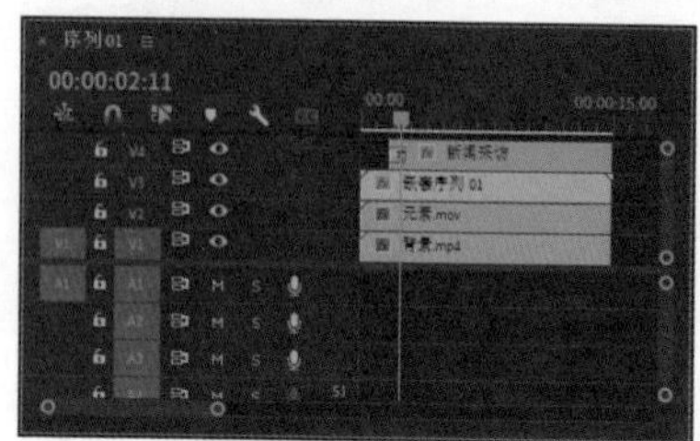

图8-16

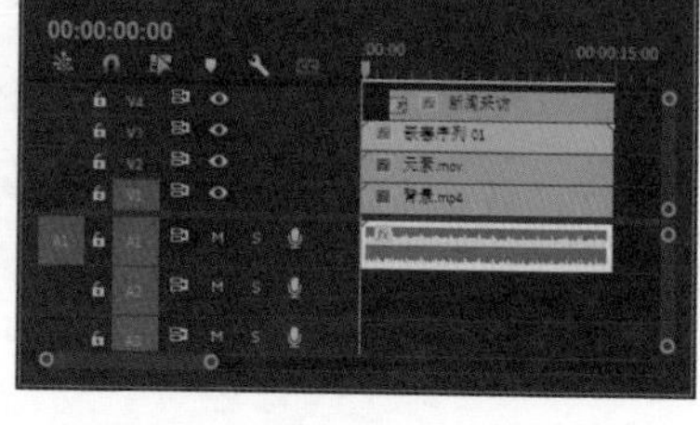

图8-17

8.2　制作缩放动画 美食视频

本案例将详细讲解通过添加“缩放”“旋转”“不透明度”关键帧，制作美食视频的操作方法，案例效果如图 8-18所示。

图8-18

步骤 01　启动Premiere Pro软件，在菜单栏中执行“文件→打开项目”命令，打开路径文件夹中的“制作缩放动画.prproj”文件。

步骤02 可以看到"时间轴"面板中添加了素材，如图 8-19所示。在"节目：序列01"面板中可以预览当前素材的效果，如图 8-20所示。

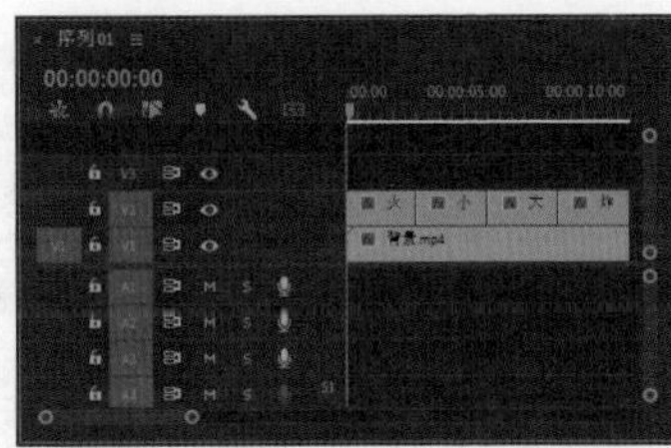

图8-19

图8-20

步骤03 选中V2轨道的"火锅.jpg"素材，在"效果控件"面板中，单击"缩放"左侧的"切换动画"按钮，生成关键帧，如图 8-21所示。将时间线移至00:00:03:00位置，设置"缩放"参数为0.0，如图 8-22所示。

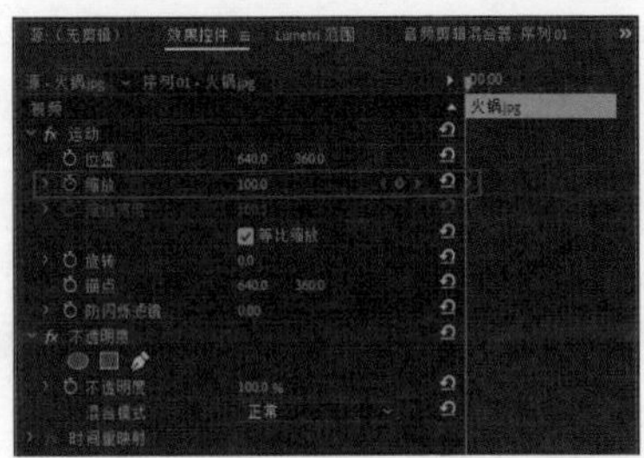

图8-21

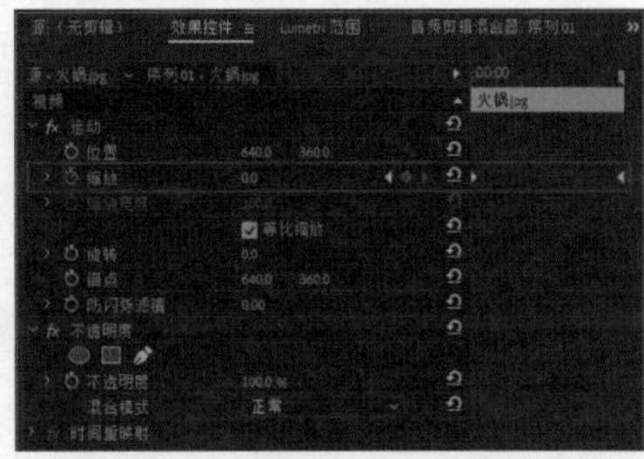

图8-22

步骤04 选中V2轨道的"小龙虾.jpg"素材，单击"缩放"左侧的"切换动画"按钮，生成关键帧，在素材起始位置设置"缩放"参数为0.0，如图 8-23所示。

步骤05 移动时间线至"小龙虾.jpg"素材的末尾，设置"缩放"参数为100.0，如图 8-24所示。

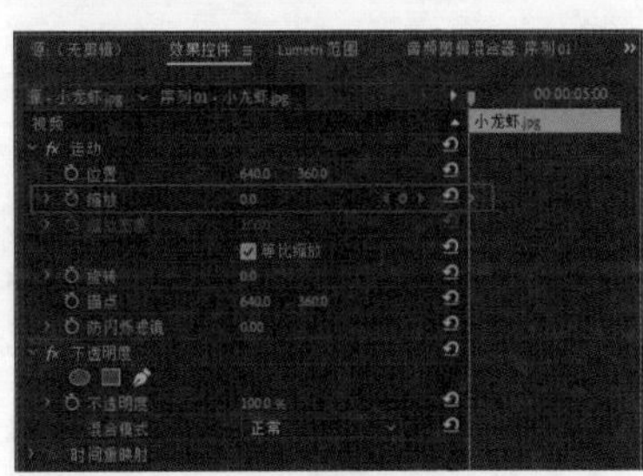

图8-23

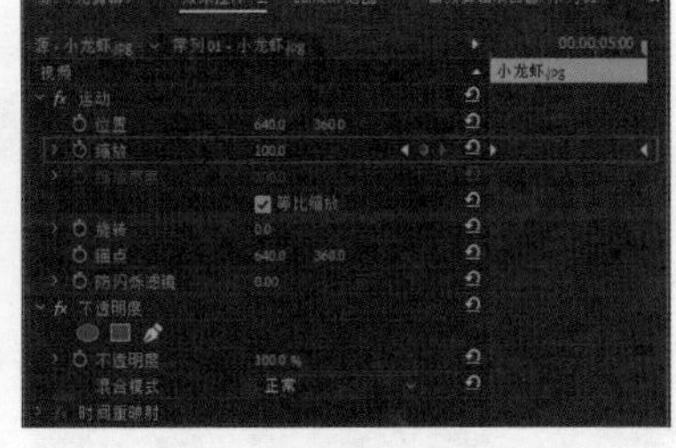

图8-24

步骤06 将时间线移至V2轨道的"大闸蟹.jpg"素材的起始位置，选中此素材，单击"缩放"和"旋转"左侧的"切换动画"按钮，生成关键帧，如图 8-25所示。

步骤 07 将时间线移至V2轨道的“大闸蟹.jpg”素材的末尾，选中此素材，设置“缩放”参数为0.0、“旋转”参数为100.0°，如图 8-26所示。

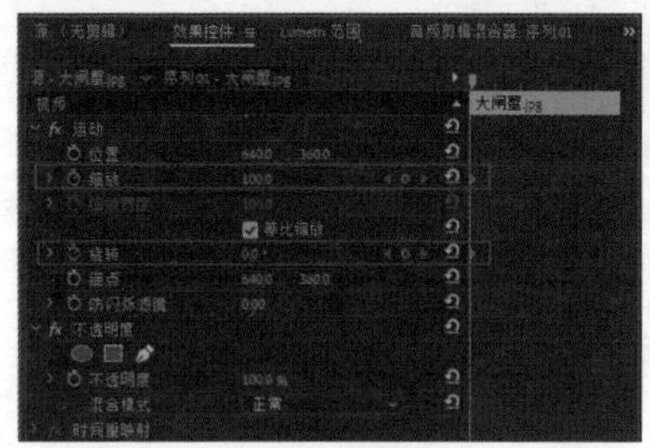

图8-25

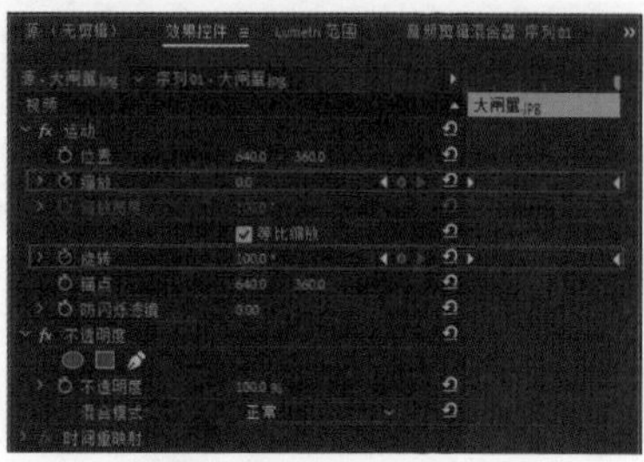

图8-26

步骤 08 将时间线移至V2轨道的“炸酥肉.jpg”素材的起始位置，选中此素材，单击“缩放”和“不透明度”左侧的“切换动画”按钮，生成关键帧，如图 8-27所示。

步骤 09 将时间线移至V2轨道的“炸酥肉.jpg”素材的末尾，选中此素材，设置“缩放”参数为0.0、“不透明度”参数为0.0%，如图 8-28所示。

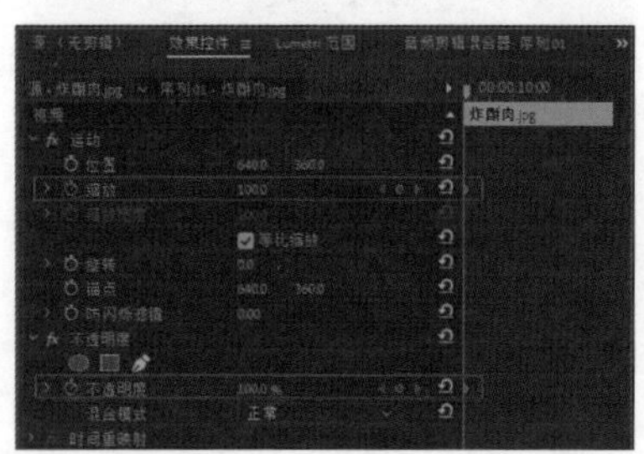

图8-27

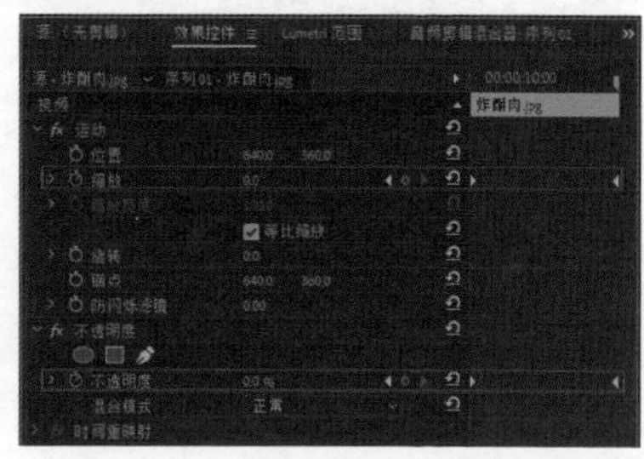

图8-28

步骤 10 在“效果”面板中搜索“叠加溶解”效果，将该效果依次拖曳至素材相接的位置，如图 8-29所示。

步骤 11 选中“时间轴”面板中的所有素材，将其转换为嵌套序列，如图 8-30所示。

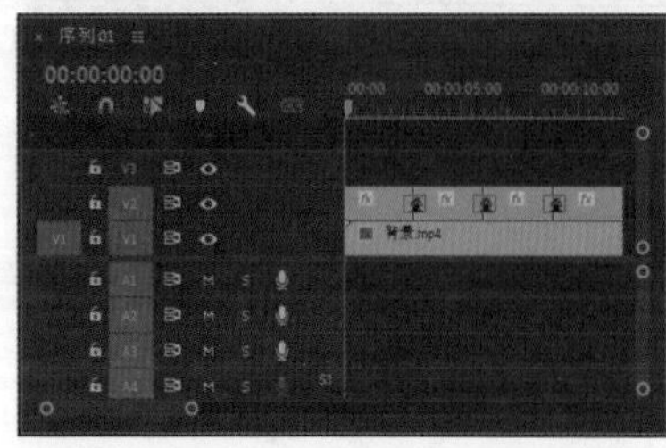

图8-29

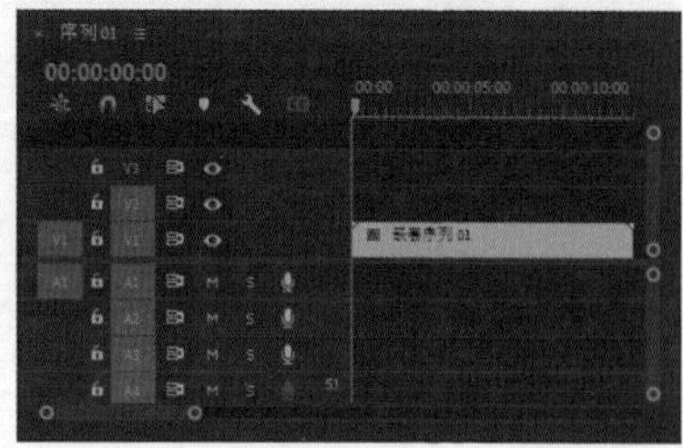

图8-30

步骤 12 在“效果”面板中搜索“交叉溶解”效果并将该效果拖曳至“嵌套序列 01”的开头部分，搜索“黑场过渡”效果并将该效果拖曳至“嵌套序列 01”的尾部，如图 8-31 所示。

步骤 13 在“项目：制作缩放动画”面板中选择“音乐.wav”素材并将其拖曳至A1轨道上，用“剃刀工具”裁剪并删除多余的音频，使其与上方素材长度一致，如图 8-32 所示。

图8-31

图8-32

8.3 位置旋转动画 旅游电子相册

本案例将详细讲解通过添加“缩放”“旋转”“位置”关键帧，制作旅游电子相册的操作方法，案例效果如图 8-33 所示。

图8-33

步骤 01 启动Premiere Pro软件，在菜单栏中执行“文件→打开项目”命令，打开路径文件夹中的“位置旋转动画.prproj”文件。

步骤 02 可以看到“时间轴”面板中添加了素材，如图 8-34 所示。

步骤 03　选择V1轨道的“1.jpg”素材，在“效果控件”面板中单击“缩放”左侧的“切换动画”按钮，设置“缩放”参数为145.0；移动时间线至00:00:01:00位置，设置“缩放”参数为100.0，如图 8-35所示。

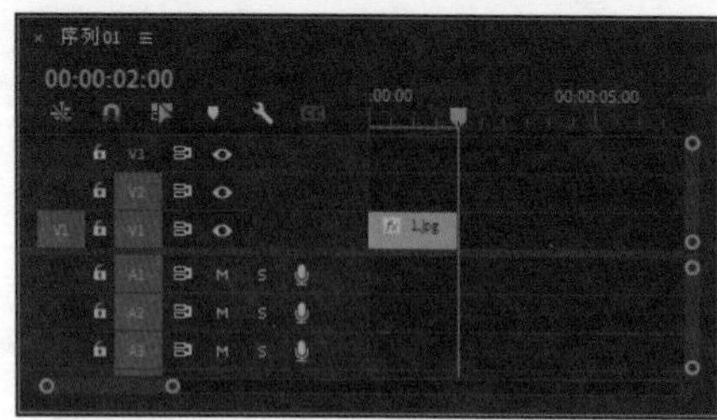

图8-34　　图8-35

步骤 04　按空格键预览动画效果，可以观察到图片处于匀速缩放状态。在“效果控件”面板上选中所有关键帧，右击并在弹出的快捷菜单中执行“缓入”命令，如图 8-36所示。

步骤 05　按空格键预览动画效果，可以观察到图片处于减速缩放状态，但速度减慢的效果不是很明显。单击“缩放”左侧的按钮，可以观察到关键帧间的曲线，如图 8-37所示。

图8-36

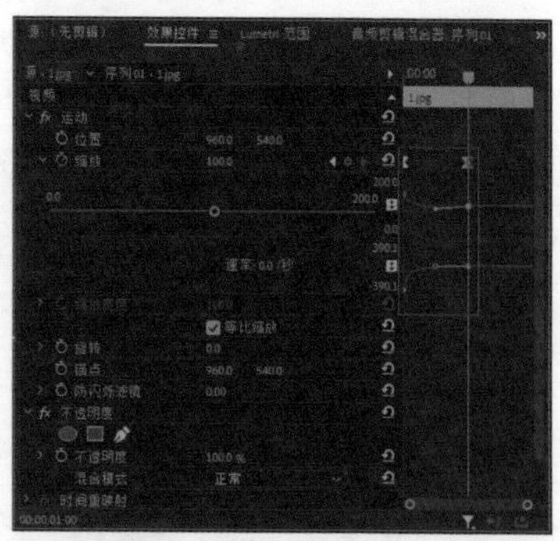

图8-37

步骤 06　在“效果控件”面板中调整曲线的弧度，改变缩放的速度，如图 8-38所示。

步骤 07　移动时间线至00:00:01:15位置，单击“位置”左侧的“切换动画”按钮，生成关键帧，如图 8-39所示。

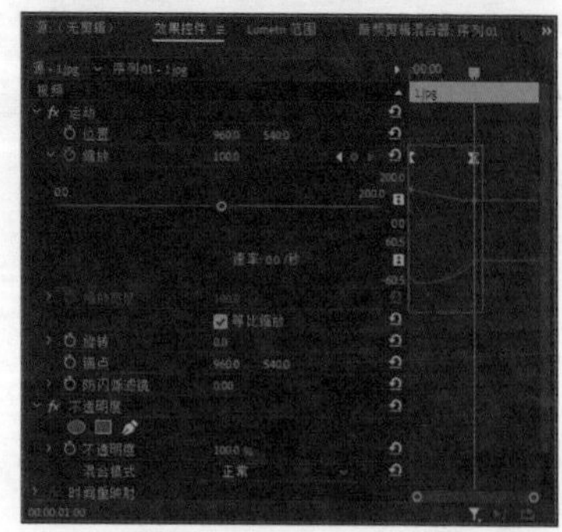

图8-38

步骤 08 移动时间线至“1.jpg”素材的末尾，设置“位置”参数为2882.0和540.0，如图 8-40所示。图片素材向右移出画面，效果如图 8-41所示。

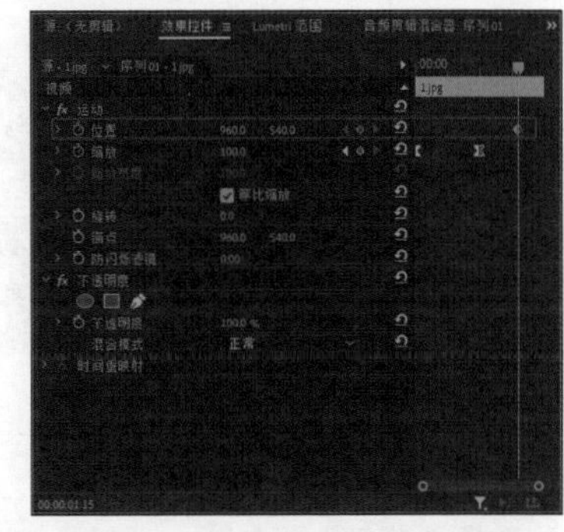

图8-39

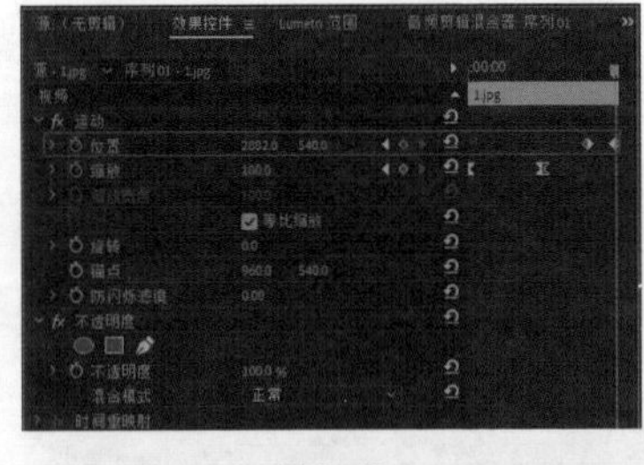

图8-40

图8-41

步骤 09 在“效果控件”面板中调整“位置”关键帧的曲线，使素材加速运动，如图 8-42所示。

步骤 10 将V1轨道的“1.jpg”素材移动到V2轨道上，移动时间线至00:00:01:15位置，如图 8-43所示。

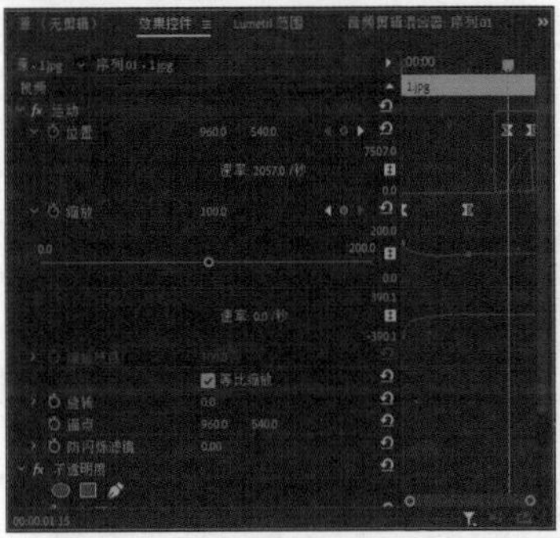

图8-42

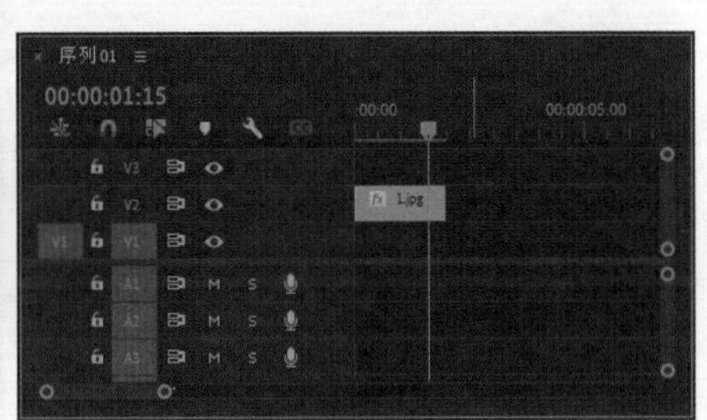

图8-43

步骤 11 在“项目：位置旋转动画”面板中选中“2.jpg”素材文件，将其拖曳到V1轨道上，并使该素材的起始位置与时间线对齐，如图 8-44所示。将“2.jpg”素材的时长缩短至2秒，如图 8-45所示。

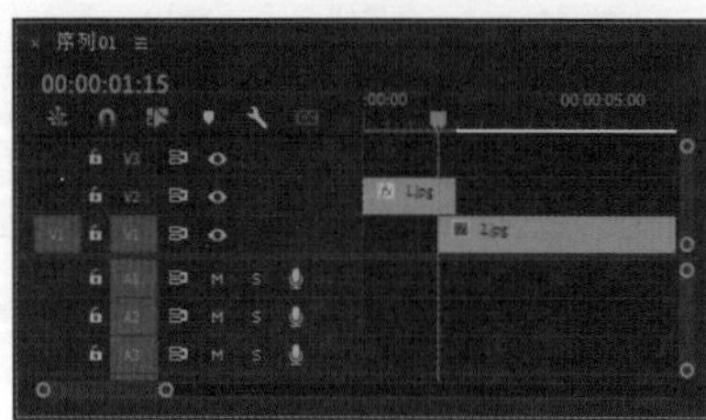

图8-44

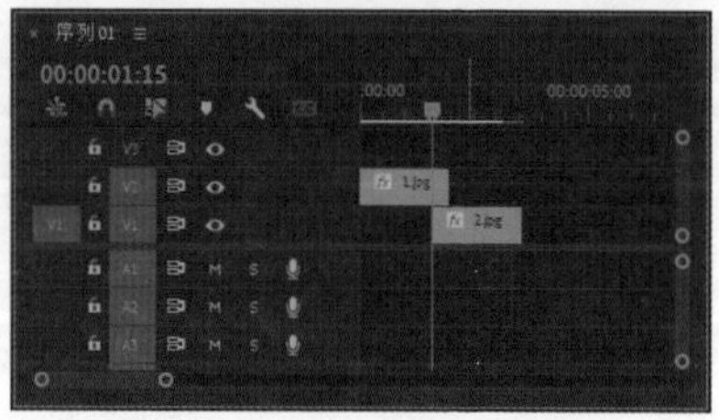

图8-45

步骤12 选中“2.jpg”素材，在“效果控件”面板中，单击“缩放”左侧的“切换动画”按钮，设置“缩放”参数为120.0，生成关键帧；将时间线移动至00:00:02:15位置，设置“缩放”参数为220.0，如图8-46所示。

步骤13 选中“缩放”关键帧，右击并在弹出的快捷菜单中执行“缓出”命令，调整曲线，效果如图8-47所示。

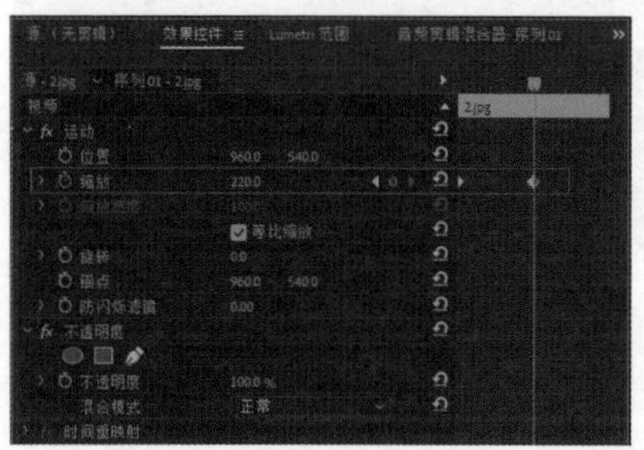

图8-46

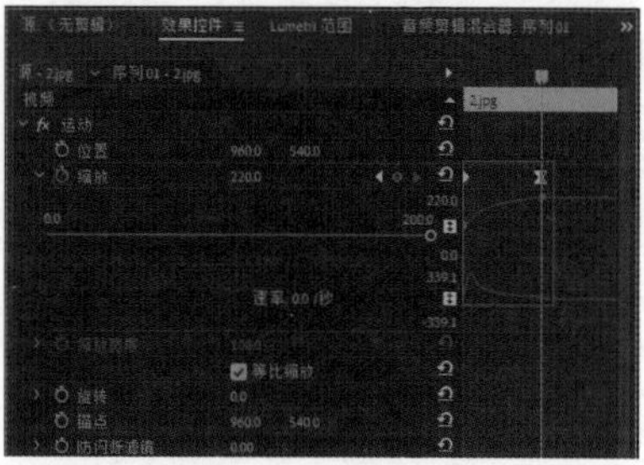

图8-47

步骤14 移动时间线至00:00:03:05位置，在“效果控件”面板中单击“位置”和“旋转”左侧的“切换动画”按钮，生成关键帧；移动时间线至00:00:03:14位置，设置“位置”参数为960.0和1177.0，如图8-48所示。

步骤15 选中“位置”关键帧，设置其曲线为加速曲线，如图8-49所示。

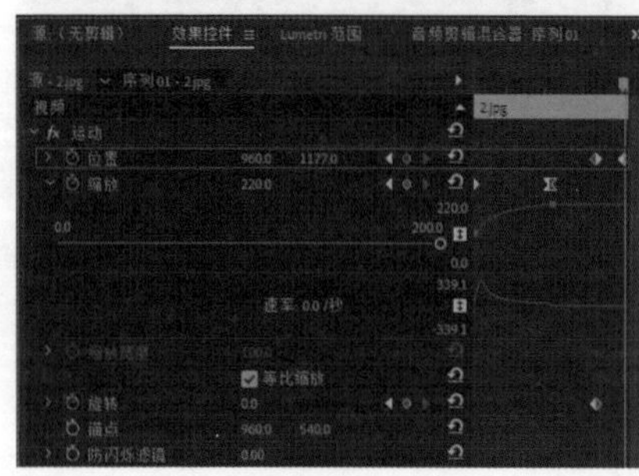

图8-48

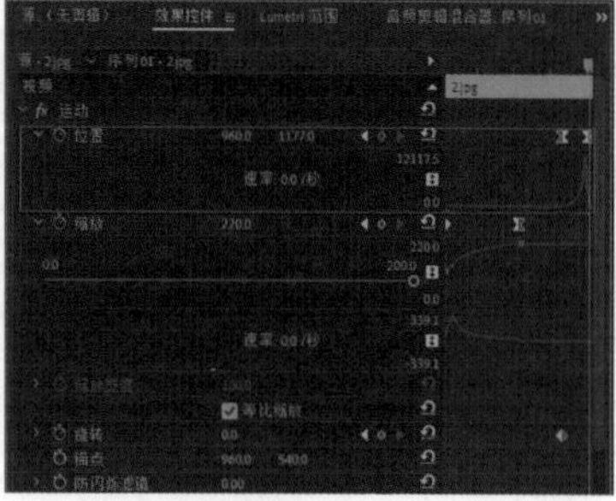

图8-49

步骤 16　移动时间线至00:00:03:05位置，在“项目：位置旋转动画”面板中选择“3.jpg”素材，将其拖曳至V2轨道上，使该素材的起始位置与时间线对齐，并设置“3.jpg”素材的“持续时间”为00:00:02:00，如图 8-50 所示。

步骤 17　在“效果控件”面板中，单击“位置”左侧的“切换动画”按钮，设置“位置”参数为960.0和-543.0；移动时间线至00:00:03:15位置，设置“位置”参数为960.0和540.0，如图 8-51 所示。

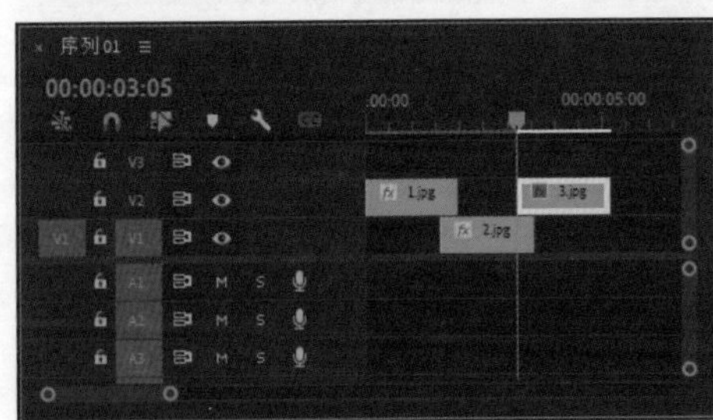

图 8-50

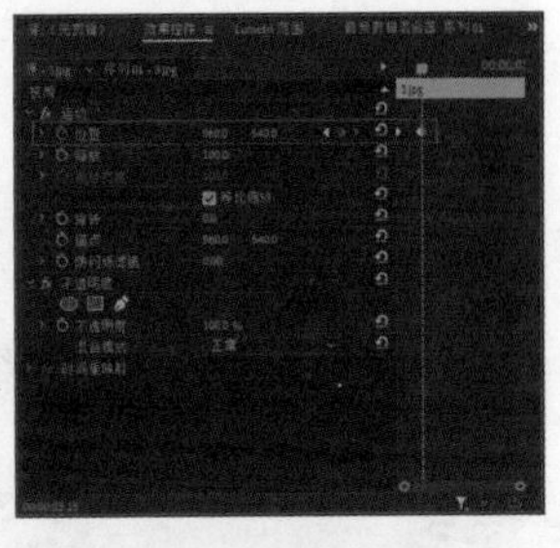

图 8-51

步骤 18　选中“位置”关键帧，设置曲线为加速曲线，如图 8-52 所示。

步骤 19　移动时间线至00:00:04:15位置，单击“缩放”左侧的“切换动画”按钮，生成关键帧；移动时间线至00:00:05:04位置，设置“缩放”参数为274.0，并设置曲线为加速曲线，如图 8-53 所示。

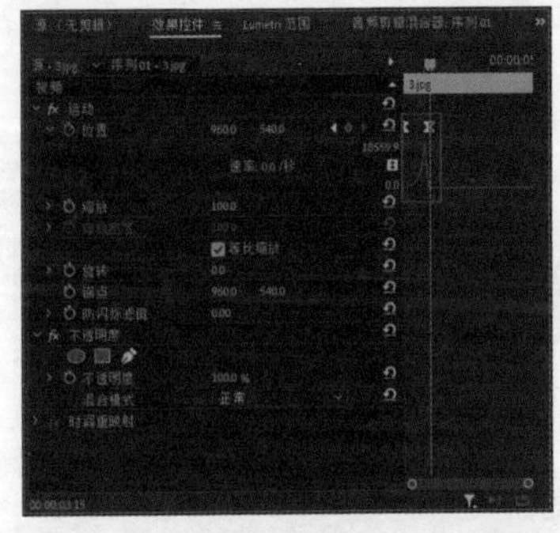

图 8-52

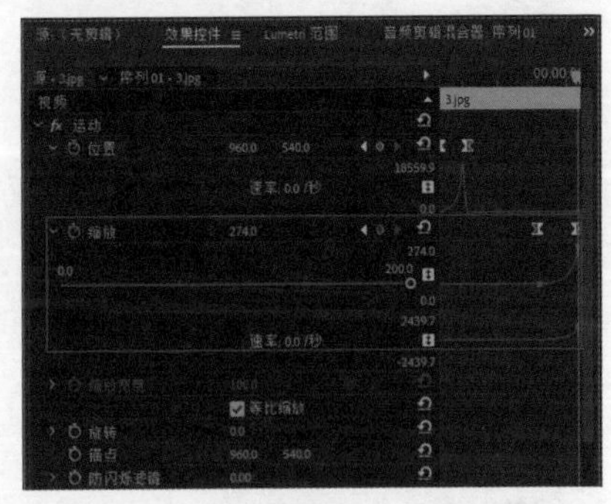

图 8-53

步骤 20　在“项目：位置缩放动画”面板中选中“4.jpg”素材文件，将其拖曳至“3.jpg”素材的后面，并设置“4.jpg”素材的“持续时间”为00:00:02:00，如图 8-54 所示。

步骤 21　将时间线移至00:00:05:05位置，在“效果控件”面板中单击“缩放”左侧的“切换动画”按钮，设置“缩放”参数为200.0；将时间线移至00:00:05:20位置，设置“缩放”参数为100.0，如图 8-55 所示。

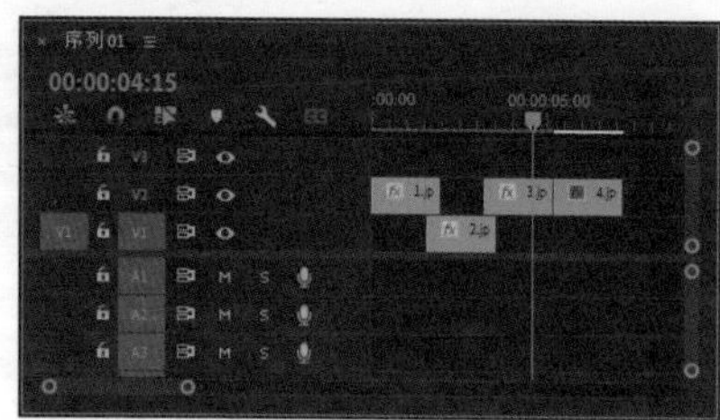

图8-54

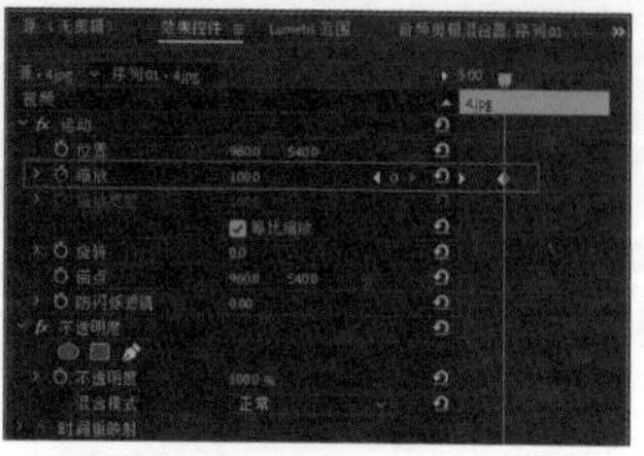

图8-55

步骤22 保持时间线不动，在“效果控件”面板中单击“旋转”左侧的“切换动画”按钮，生成关键帧，如图 8-56 所示。将时间线移至00:00:05:05位置，设置“旋转”参数为1×0.0°，如图 8-57 所示。

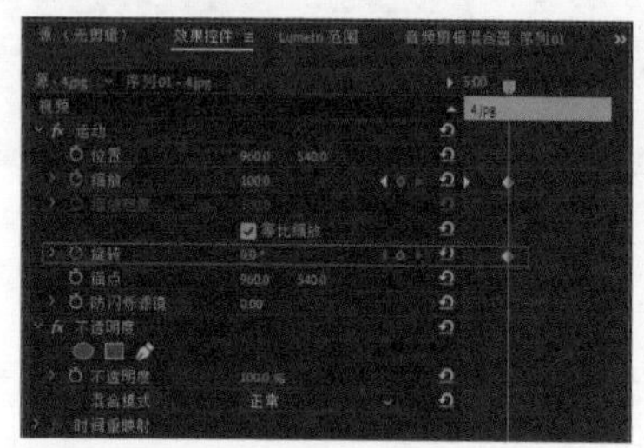

图8-56

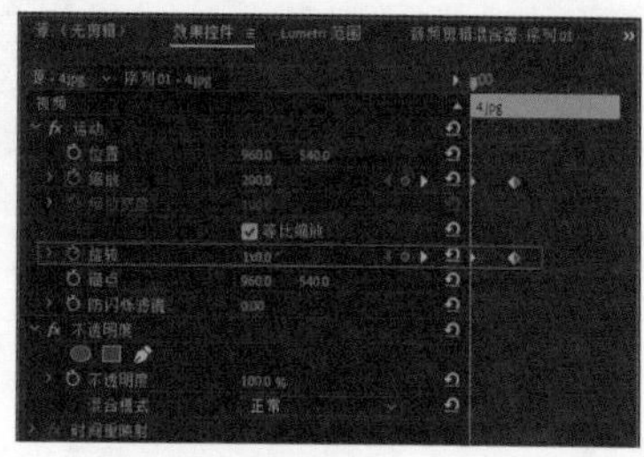

图8-57

步骤23 移动时间线观察效果，发现在素材缩小并旋转的时候，画面中会出现黑色背景，如图 8-58所示。

步骤24 选中“4.jpg”素材文件并将其向上移动到V3轨道，然后延长“3.jpg”素材的尾端到00:00:05:20位置，如图 8-59 所示。

图8-58

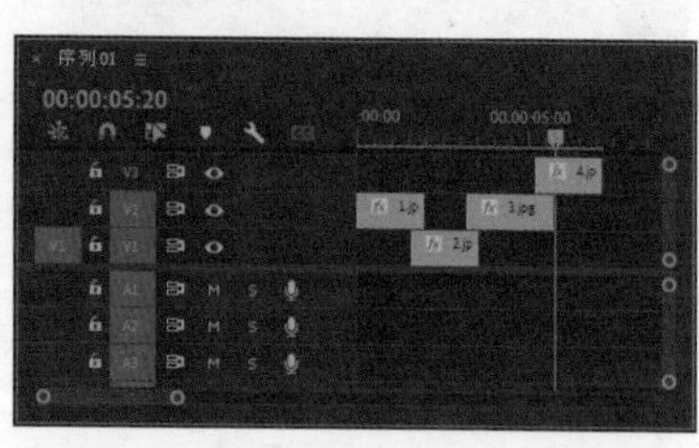

图8-59

步骤25 用“3.jpg”素材进行填补，画面中将不再出现黑色背景，如图 8-60所示。

图8-60

步骤 26 单击“旋转”左侧的 按钮，设置曲线为减速曲线，如图 8-61 所示。

步骤 27 移动时间线至 00:00:06:20 位置，在“效果控件”面板中单击“缩放”左侧的“切换动画”按钮，生成关键帧；将时间线移至 00:00:07:04 位置，设置“缩放”参数为 120.0，如图 8-62 所示。

步骤 28 在“项目：位置旋转动画”面板中选择“音乐.wav”素材并将其拖曳至 A1 轨道上，用“剃刀工具”裁剪并删除多余的音频，使其尾部与 V3 轨道的素材尾部对齐，如图 8-63 所示。

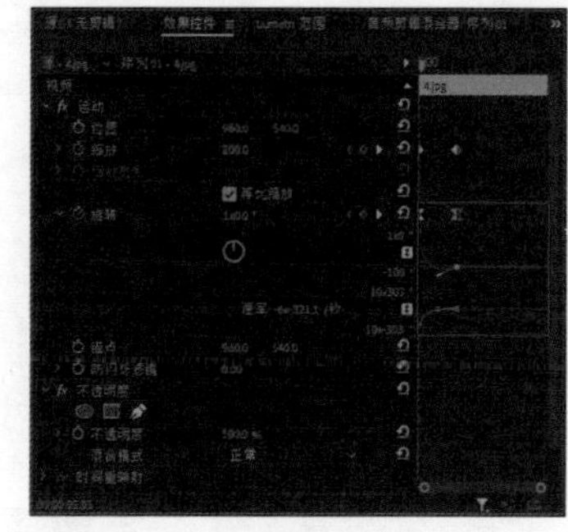

图 8-61

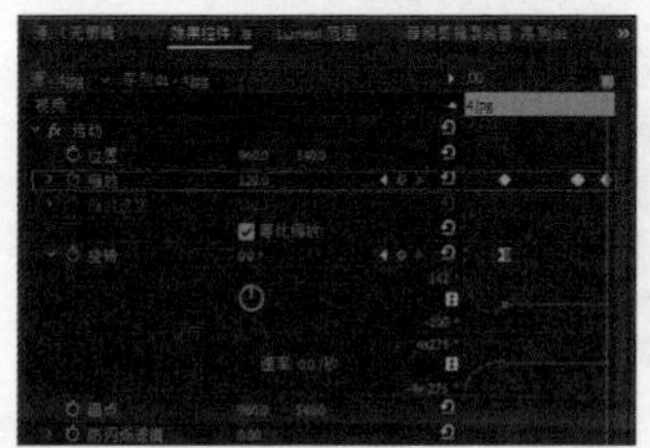

图 8-62

图 8-63

8.4 色彩渐变动画 夏天变成秋天

本案例将详细讲解通过添加“左侧”关键帧，制作色彩渐变动画的具体操作方法，案例效果如图 8-64 所示。

图 8-64

步骤01 启动Premiere Pro软件，在菜单栏中执行“文件→打开项目”命令，打开路径文件夹中的“色彩渐变动画.prproj”文件。

步骤02 可以看到“时间轴”面板中添加了素材，如图8-65所示。

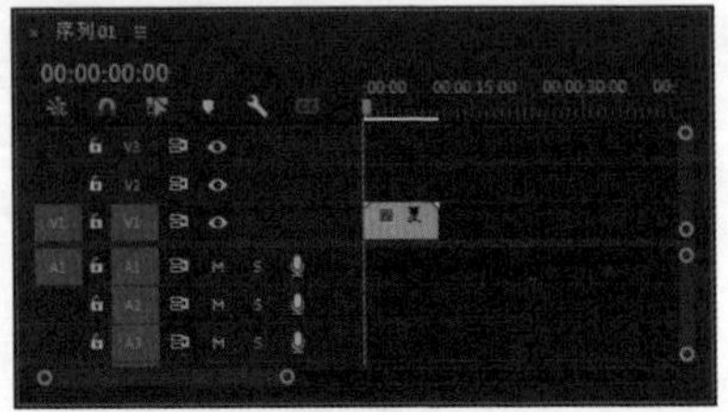

图8-65

步骤03 在“项目：色彩渐变动画”面板下方单击“新建项”按钮，在弹出的菜单中执行“调整图层”命令，将新建的“调整图层”拖曳到V2轨道上，使其与下方“夏天.mp4”素材的长度一致，如图8-66所示。

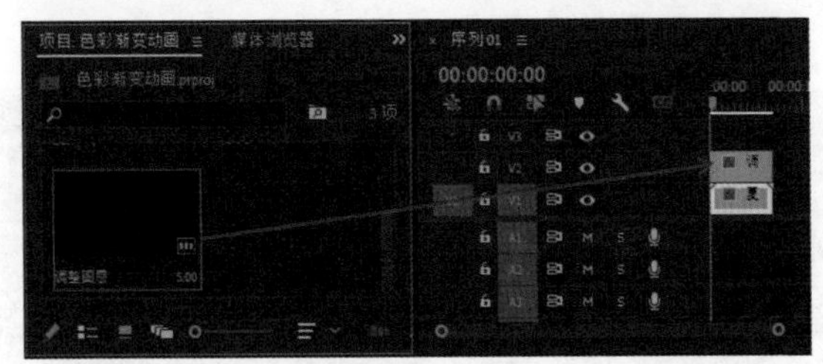

图8-66

步骤04 在“效果”面板中搜索“通道混合器”效果并将该效果拖曳到“调整图层”上，在“效果控件”面板中设置“红色-红色”参数为0、“红色-绿色”参数为200、“红色-蓝色”参数为–100，如图8-67所示。

步骤05 选中V1轨道的“夏天.mp4”素材，按住Alt键，向上拖曳该素材，复制一份到V3轨道，如图8-68所示。

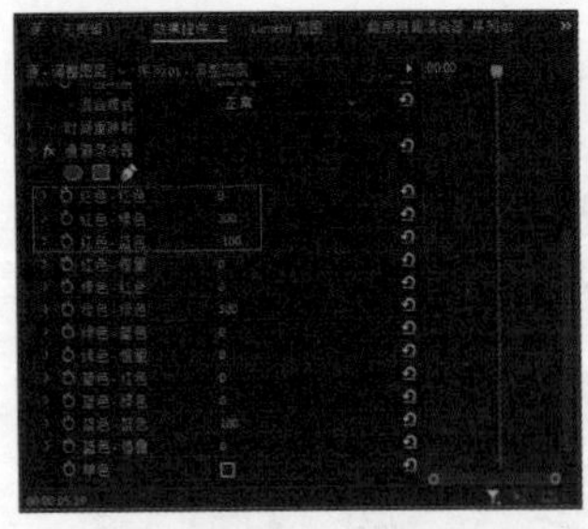

图8-67

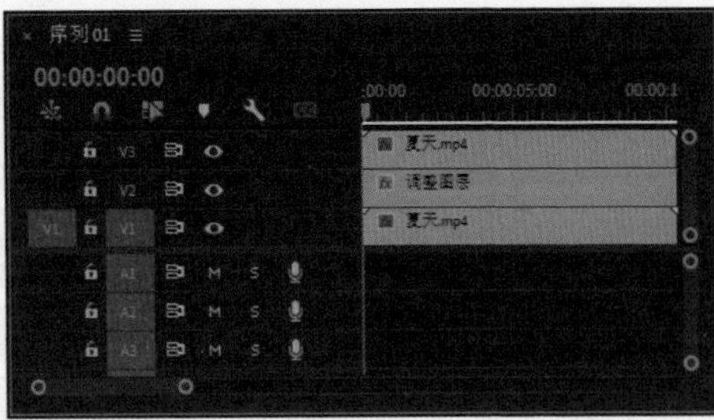

图8-68

步骤06 在“效果”面板中搜索“裁剪”效果并将该效果拖曳到V3轨道的“夏天.mp4”素材上，在“效果控件”面板中单击“左侧”左侧的“切换动画”按钮，生成关键帧，如图8-69所示。

步骤 07 将时间线移至00:00:10:10位置，设置“左侧”参数为100.0%，如图 8-70所示。

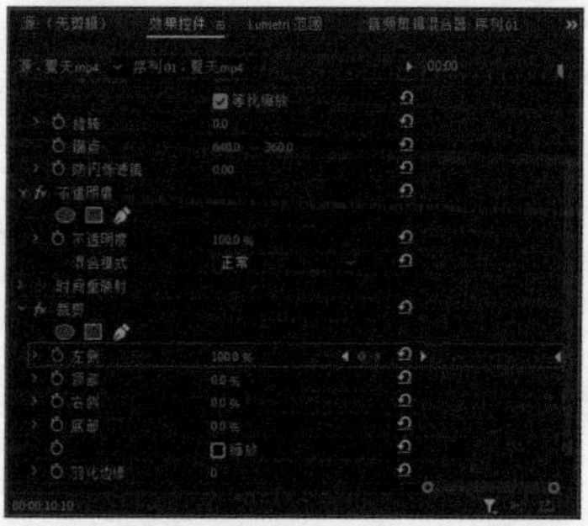

图8-69

图8-70

第 9 章

抠像合成
秒变技术流

抠像通常指的是使用像素的颜色或亮度来定义像素的透明度，透明区域将会显示出下方轨道的素材。将两个或多个素材组合在一起的操作叫作合成，包括混合、组合、抠像、蒙版、裁剪等。合成是非线性编辑中极具创意的部分，在前期拍摄时，就应该带着要进行后期合成的想法去实施，事先规划可以大大提升后期合成的质量。

9.1 Alpha通道 抠取绿幕视频

Alpha通道也叫透明度通道，用来记录图像中一个像素的透明程度。本案例将详细讲解使用“超级键”效果来抠取绿幕视频的操作方法，案例效果如图9-1所示。

图9-1

步骤01 启动Premiere Pro软件，在菜单栏中执行“文件→打开项目”命令，打开路径文件夹中的“Alpha通道.prproj”文件。

步骤02 可以看到“时间轴”面板中添加了素材，如图9-2所示。在“节目：序列01”面板中可以预览当前素材的效果，如图9-3所示。

图9-2

图9-3

步骤03 在“效果”面板中搜索“超级键”效果，将该效果拖曳至“时间轴”面板的V1轨道的“主播.mp4”素材上，然后在“效果控件”面板中单击“主要颜色”右侧的“吸管”按钮，如图9-4所示。吸取“节目：序列01”面板中的绿色，效果如图9-5所示。

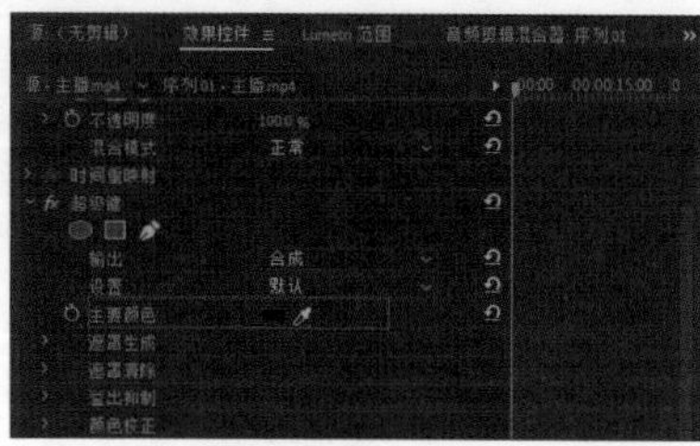

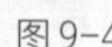

图9-4

图9-5

提示

素材下方没有其他显示的元素，因此抠掉的背景会显示为纯黑色。

步骤 04 在“效果控件”面板中切换合成的模式为“Alpha通道”，如图 9-6 所示。此时画面中就会显示Alpha通道效果，人像为白色部分，背景为黑色部分，效果如图 9-7 所示。

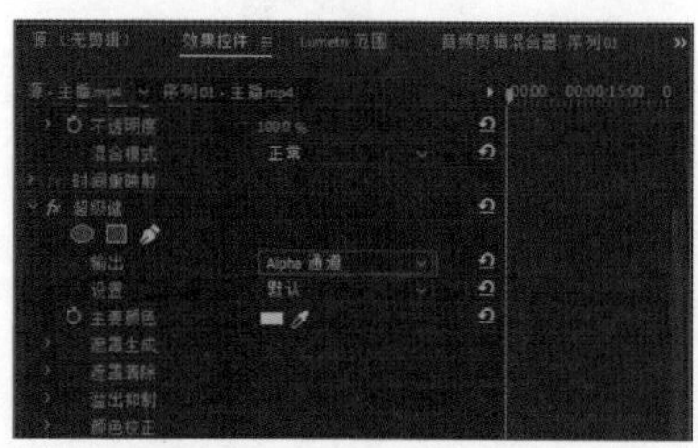

图9-6

图9-7

步骤 05 在“效果控件”面板中切换“Alpha通道”的混合模式为“合成”，放大画面，可以观察到人像头发部位还残留了一些白色印记，如图 9-8 所示。展开“遮罩生成”卷展栏，设置“基值”参数为80，消除头发周围的白色印记，效果如图 9-9 所示。

图9-8

图9-9

步骤 06 人像的边缘有一些锯齿，展开“遮罩清除”卷展栏，设置“柔化”参数为30.0，如图 9-10 所示，画面效果如图 9-11 所示。

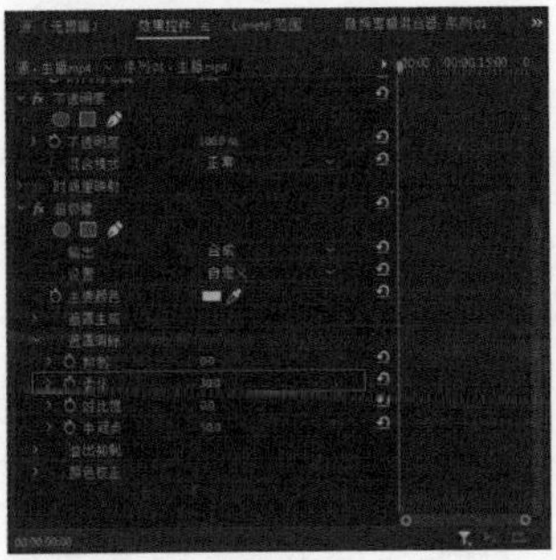

图9-10

图9-11

步骤 07 展开“溢出抑制”卷展栏，设置“范围”参数为55.0、“溢出”参数为70.0，如图 9-12所示，将人脸阴影处反射了绿幕的部分修整为正常肤色，效果如图 9-13所示。

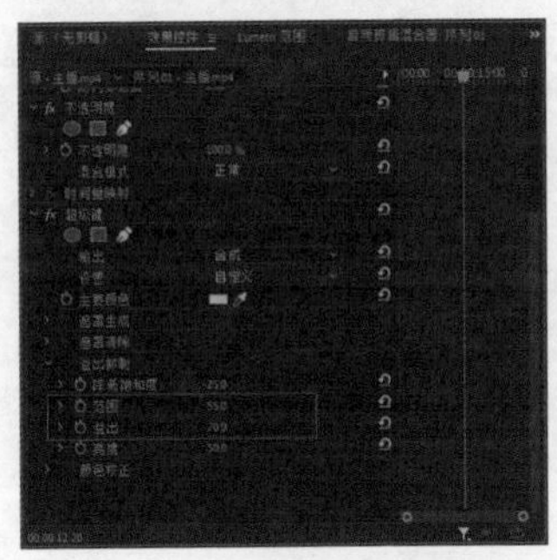

图9-12

图9-13

步骤 08 选中V1轨道的“主播.mp4”素材，将其向上拖曳至V2轨道。在“项目：Alpha通道”面板中选中“简约背景.mp4”素材，将其拖曳至V1轨道上，并使其与上方素材长度一致，如图 9-14所示。

步骤 09 在“项目：Alpha通道”面板中选择“音乐.wav”素材并将其拖曳至A1轨道上，用“剃刀工具”裁剪并删除多余的音频，使其与上方素材长度一致，如图 9-15所示。

图9-14

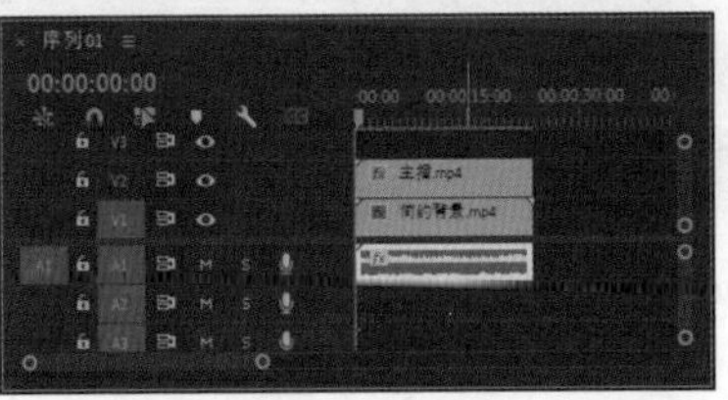

图9-15

提示

在Alpha通道中，白色部分是不透明的，而黑色部分是透明的，可以显示下层的画面内容。

9.2 制作遮罩效果 古风水墨大片

本案例将详细讲解使用“轨道遮罩键”效果配合水墨素材制作古风水墨大片的具体操作方法，案例效果如图9-16所示。

图9-16

步骤01 启动Premiere Pro软件，在菜单栏中执行“文件→打开项目”命令，打开路径文件夹中的“古风水墨大片.prproj”文件。

步骤02 可以看到“时间轴”面板中添加了素材，如图9-17所示。在“节目：序列01”面板中可以预览当前素材的效果，如图9-18所示。

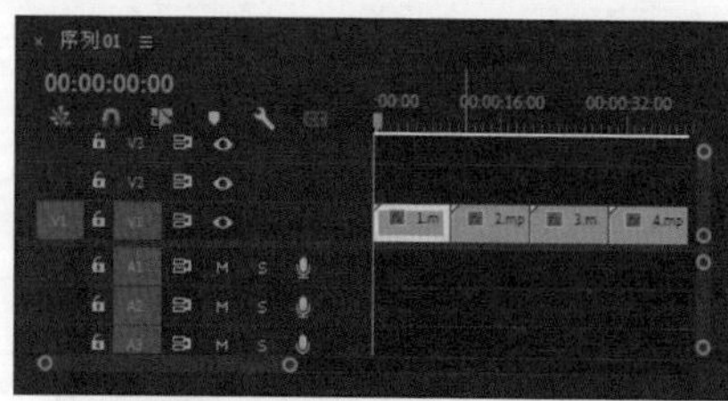

图9-17

图9-18

步骤03 在“项目：制作遮罩效果”面板中选择“1.mov”素材，将其拖曳至V2轨道上，并设置“持续时间”为00:00:10:00，如图9-19所示，画面效果如图9-20所示。

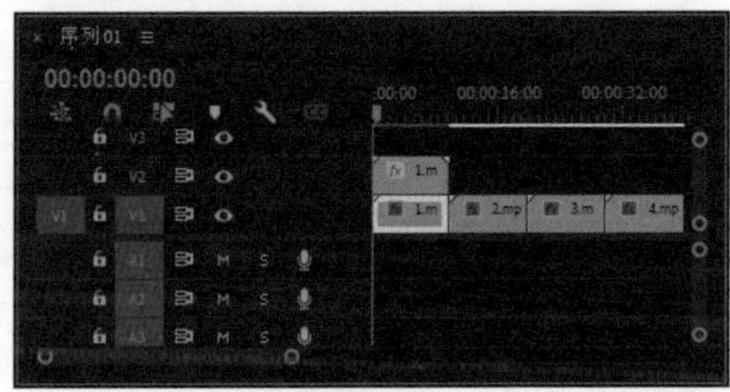
图9-19

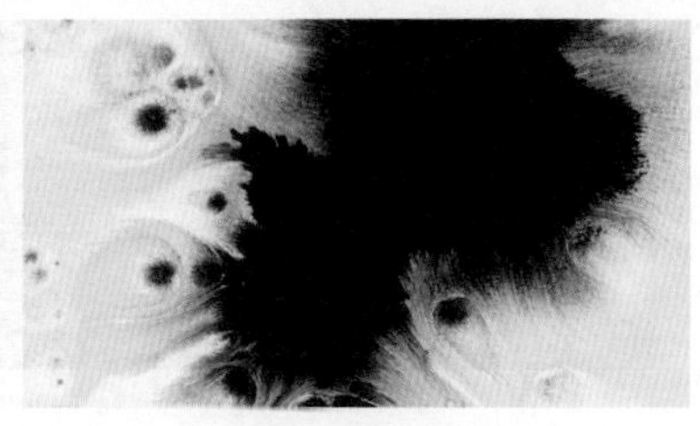
图9-20

步骤 04 在“效果”面板中搜索“轨道遮罩键”效果，依次将该效果拖曳到V1轨道的4个素材上，如图9-21所示。

图9-21

步骤 05 选中V1轨道的“1.mp4”素材，然后在“效果控件”面板中设置“遮罩”为“视频2”，设置“合成方式”为“亮度遮罩”，勾选“反向”复选框，如图9-22所示。画面中V2轨道上的素材会遮挡V1轨道上的素材，效果如图9-23所示。

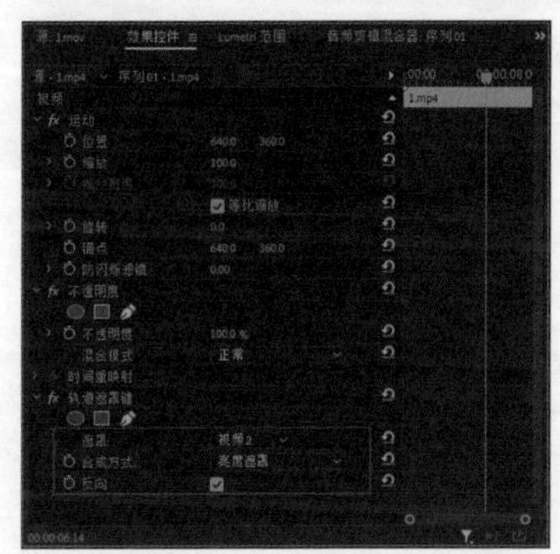
图9-22

图9-23

步骤 06 参照上述操作方法为余下素材制作水墨遮罩效果，在“项目：制作遮罩效果”面板中，依次将“2.mov”“3.mov”“4.mov”拖曳到V2轨道上，并设置“持续时间”为00:00:10:00，如图9-24所示。

步骤 07 在“项目：制作遮罩效果”面板中选择“音乐.wav”素材并将其拖曳至A1轨道上，用“剃刀工具”裁剪并删除多余的音频，使其与上方素材长度一致，如图9-25所示。

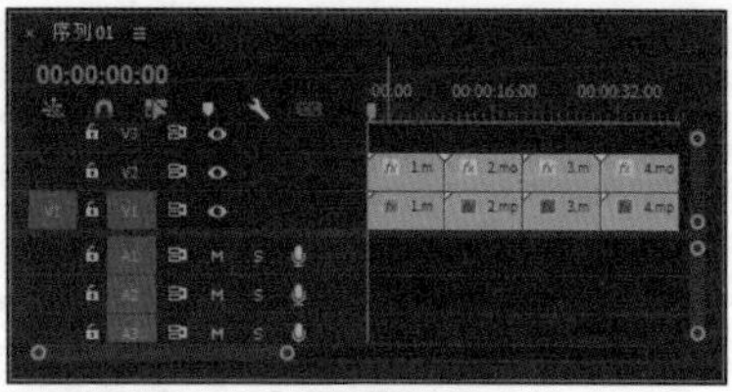

图9-24

图9-25

9.3 抠图转场效果 旅游宣传视频

本案例将详细讲解使用“自由绘制贝塞尔曲线”工具制作旅游宣传视频的具体操作方法，案例效果如图 9-26 所示。

图9-26

步骤 01 启动Premiere Pro软件，在菜单栏中执行“文件→打开项目”命令，打开路径文件夹中的“抠图转场效果.prproj”文件。

步骤 02 可以看到“时间轴”面板中添加了素材，如图 9-27 所示。在“节目：序列 01”面板中可以预览当前素材的效果，如图 9-28 所示。

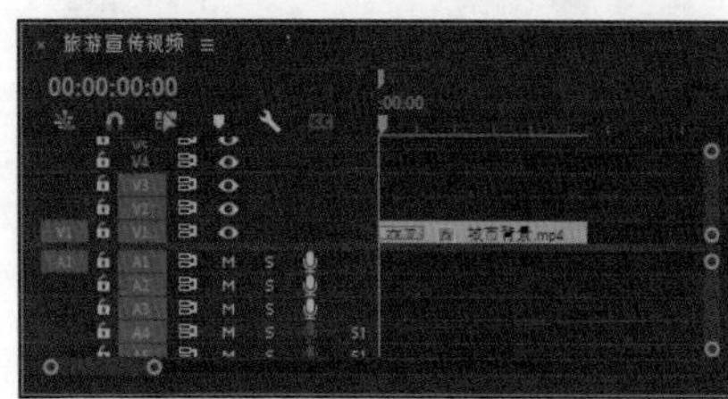

图9-27

图9-28

步骤 03 将时间线移至00:00:01:00位置，在“项目：抠图转场效果”面板中选中“北京.mp4”素材，并将其拖曳至V2轨道上，使该素材的起始位置与时间线对齐，如图 9-29 所示。

步骤 04 选中V2轨道的“北京.mp4”素材，在素材的起始位置右击，在弹出的快捷菜单中执行“添加帧定格”命令，使素材成为静帧效果；缩短素材，使其尾部与下方的“城市背景.mp4”素材尾部对齐；取消链接，删除V1轨道的音频素材，如图9-30所示。

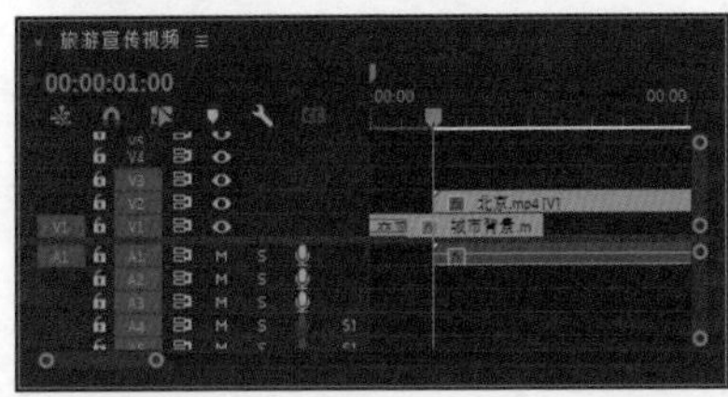

图9-29

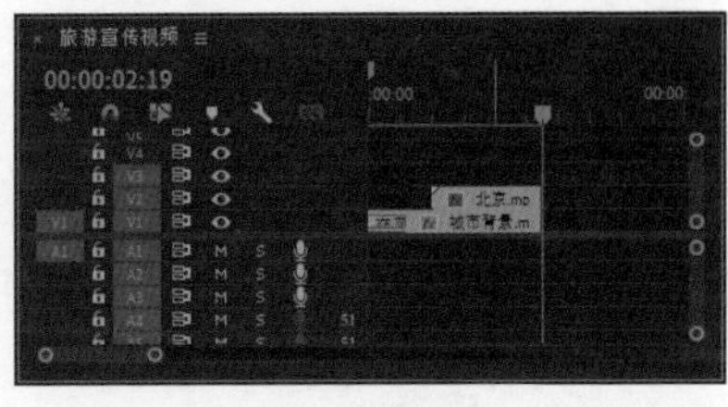

图9-30

步骤 05 将时间线移至00:00:01:05位置，按住Alt键向上拖曳V2轨道的“北京.mp4”素材，复制一份，使复制得到的素材的起始位置与时间线对齐，尾部与V2轨道的“北京.mp4”素材尾部对齐，如图 9-31 所示。

步骤 06 选中V2轨道的“北京.mp4”素材，在“效果控件”面板中单击“不透明度”卷展栏中的“自由绘制贝塞尔曲线”按钮，在画面中沿着天坛的轮廓进行绘制，如图 9-32 所示。

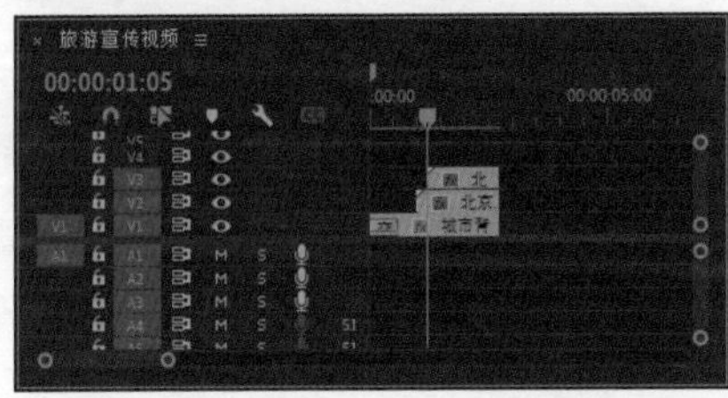

图9-31

图9-32

步骤 07 将时间线移至00:00:01:00位置，在“效果控件”面板中，单击“位置”左侧的“切换动画”按钮，设置“位置”参数为960.0和–324.0，生成关键帧；将时间线移至00:00:01:05位置，设置“位置”参数为960.0和540.0，如图 9-33 所示。

步骤 08 选中V2轨道的“北京.mp4”素材，在“效果控件”面板中单击“不透明度”卷展栏中的“自由绘制贝塞尔曲线”按钮，在画面中沿着地面的轮廓进行绘制，如图 9-34 所示。

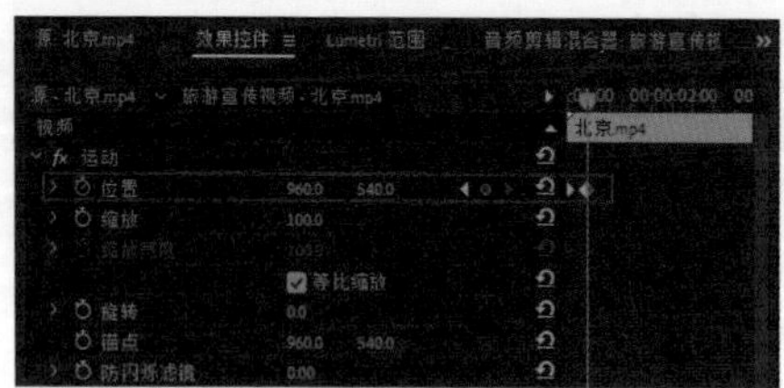

图 9-33

图 9-34

步骤 09　将时间线移至00:00:01:05位置，在“效果控件”面板中，单击“位置”左侧的“切换动画”按钮，设置“位置”参数为960.0和825.0，生成关键帧；将时间线移00:00:01:10位置，设置“位置”参数为960.0和540.0，如图 9-35 所示。

步骤 10　将时间线移至00:00:01:10位置，将“项目：抠图转场效果”面板中的“北京.mp4”素材拖曳至V4轨道上，使其起始位置与时间线对齐，将“速度”参数设置为350%，在起始位置添加“交叉溶解”效果，如图 9-36 所示。

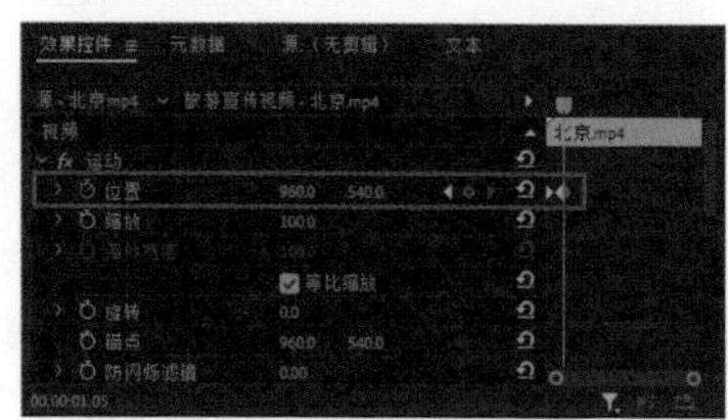

图 9-35

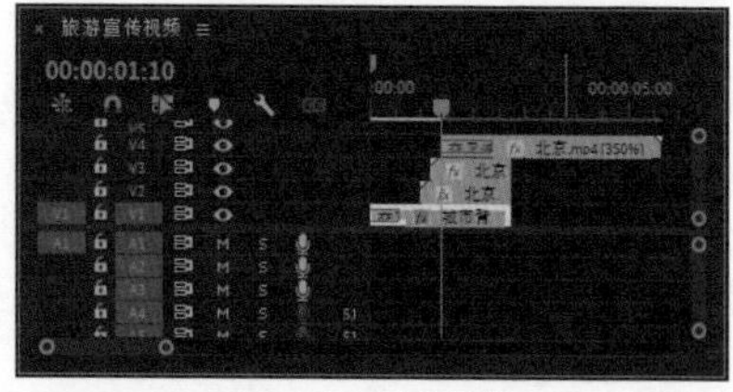

图 9-36

步骤 11　在“项目：抠图转场效果”面板中双击“长沙.mp4”素材，在“源：长沙.mp4”面板中查看素材文件。然后在素材的起始位置添加入点，在00:00:10:15位置添加出点，如图 9-37 所示。

步骤 12　将时间线移至00:00:03:00位置，在“源：长沙.mp4”面板中，按住“仅拖动视频”按钮不放，将其拖曳至V5轨道，使其起始位置与时间线对齐，如图 9-38 所示。

图 9-37

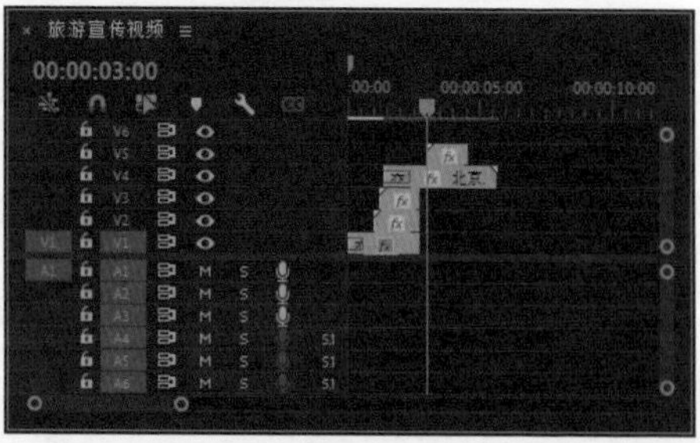

图 9-38

步骤 13 选中V5轨道的“长沙.mp4”素材，在“效果控件”面板中单击“不透明度”卷展栏中的“自由绘制贝塞尔曲线”按钮，在画面中沿着雕塑的轮廓进行绘制，如图 9-39所示。

步骤 14 将时间线移至00:00:03:00位置，在“效果控件”面板中，单击“位置”左侧的“切换动画”按钮，设置“位置”参数为960.0和–497.0，生成关键帧；将时间线移至00:00:03:10位置，设置“位置”参数为960.0和540.0，如图 9-40所示。

图9-39

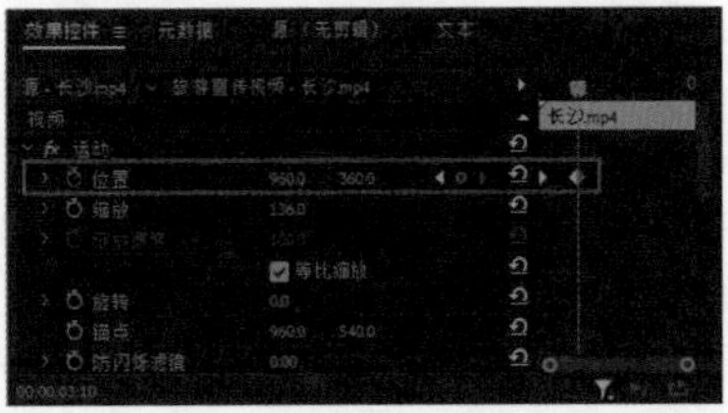

图9-40

步骤 15 将时间线移至00:00:03:10位置，在“项目：抠图转场效果”面板中双击“长沙.mp4”素材，在“源：长沙.mp4”面板中查看素材文件。然后在素材的起始位置添加入点，在00:00:05:00位置添加出点。按住“仅拖动视频”按钮不放，将其拖曳至V6轨道，使其起始位置与时间线对齐，在素材的起始位置添加“交叉溶解”效果，如图 9-41所示。

步骤 16 在“项目：抠图转场效果”面板中选择“音乐.wav”素材并将其拖曳至A1轨道上，用“剃刀工具”裁剪并删除多余的音频，使其尾部与V6轨道素材尾部对齐，如图 9-42所示。

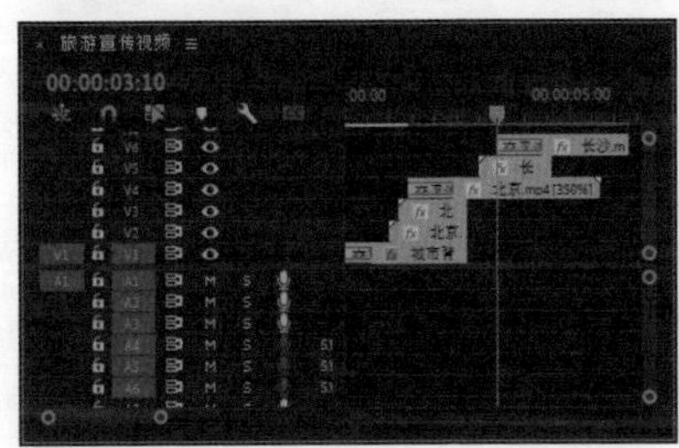

图9-41

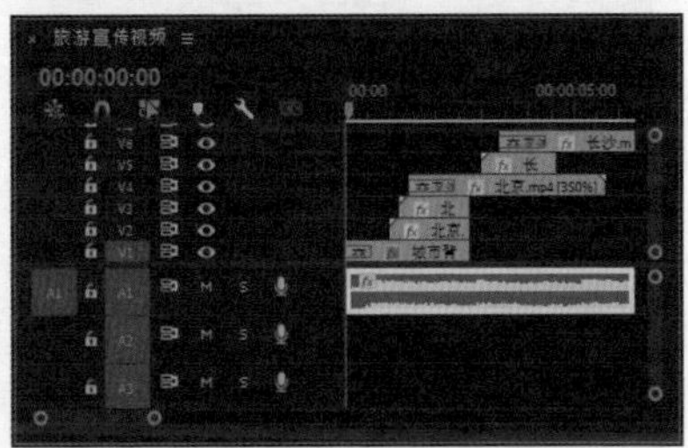

图9-42

9.4 人物介绍视频 综艺感人物出场

本案例将详细讲解使用“油漆桶”效果制作人物出场效果的具体操作方法，案例效果如图 9–43所示。

图9-43

步骤01 启动Premiere Pro软件，在菜单栏中执行“文件→打开项目”命令，打开路径文件夹中的“人物介绍视频.prproj”文件。

步骤02 可以看到“时间轴”面板中添加了素材，如图 9-44所示。在“节目：序列01”面板中可以预览当前素材的效果，如图 9-45所示。

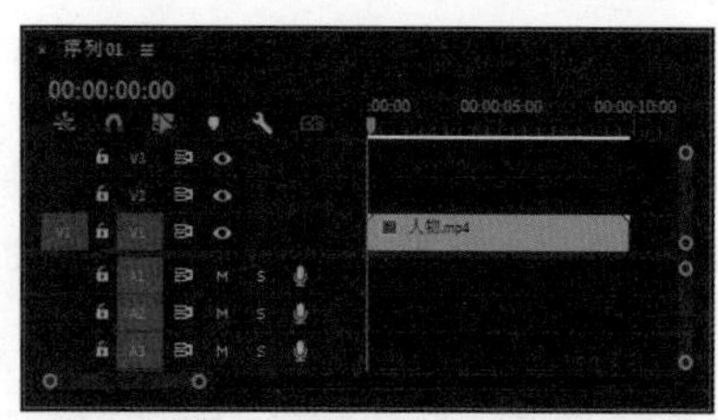

图9-44

图9-45

步骤03 将时间线移至00:00:07:00位置，用“剃刀工具”进行裁剪，选中时间线后方的视频素材并右击，在弹出的快捷菜单中执行“添加帧定格”命令，如图 9-46所示。

步骤04 选中V1轨道的第一段素材，将“速度”参数设置为200%，然后将后面定格的静帧素材缩短到00:00:05:00位置，如图 9-47所示。

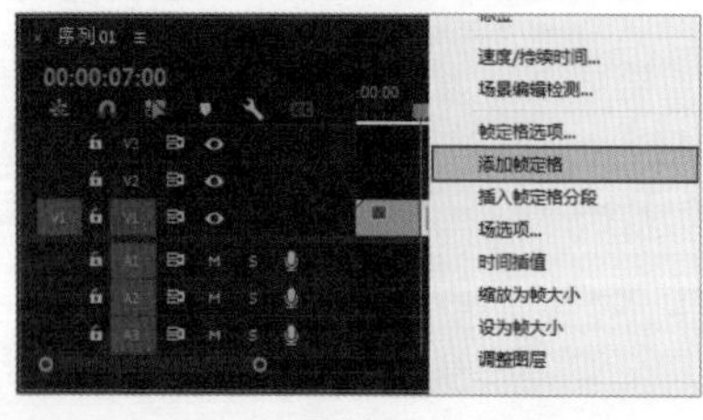

图9-46

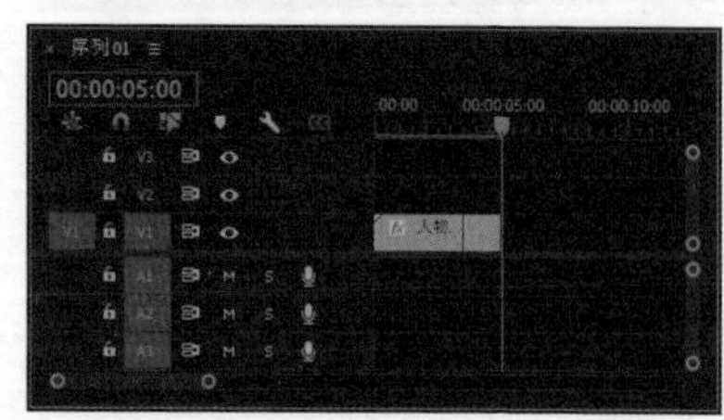

图9-47

步骤 05 选中V1轨道的第二个片段，按住Alt键向上拖曳，复制一份，选中复制得到的素材，然后在“效果控件”面板中展开“不透明度”卷展栏，单击“自由绘制贝塞尔曲线”按钮，将人像部分抠取出来，如图 9-48 所示。

步骤 06 将抠像后的素材向上复制到V3轨道上。然后在V2轨道的素材上添加“油漆桶”效果，执行操作后，会发现颜色并没有填充到整个画面上，如图 9-49 所示。

图9-48

图9-49

步骤 07 选中V2轨道上的素材，删掉“油漆桶”效果，然后将素材转换为“嵌套序列01”，如图 9-50 所示。再次添加“油漆桶”效果，就可以将颜色填充到画面上，如图 9-51 所示。

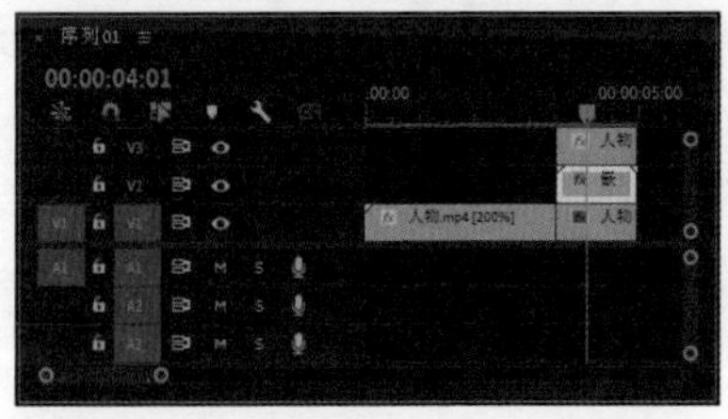

图9-50

图9-51

步骤 08 在“效果控件”面板中设置“描边”为“描边”，设置“描边宽度”参数为20.0、“容差”参数为30.0、“颜色”为白色，如图 9-52 所示。画面效果如图 9-53 所示。

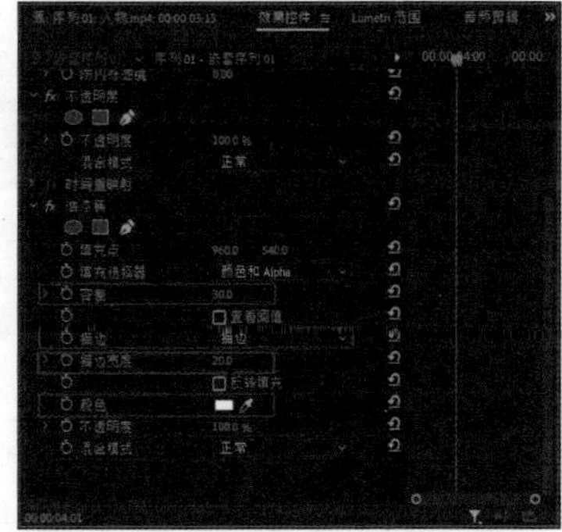

图9-52

图9-53

步骤 09 将V2和V3轨道的素材向上拖曳。在“项目：人物介绍视频”面板中双击“卡通背景.mp4”素材，在“源：卡通背景.mp4”面板中查看素材文件。然后在素材的00:00:01:00位置添加入点，在00:00:02:12位置添加出点，按住“仅拖动视频”按钮不放，将其拖曳至V2轨道，如图 9-54 所示。画面效果如图 9-55 所示。

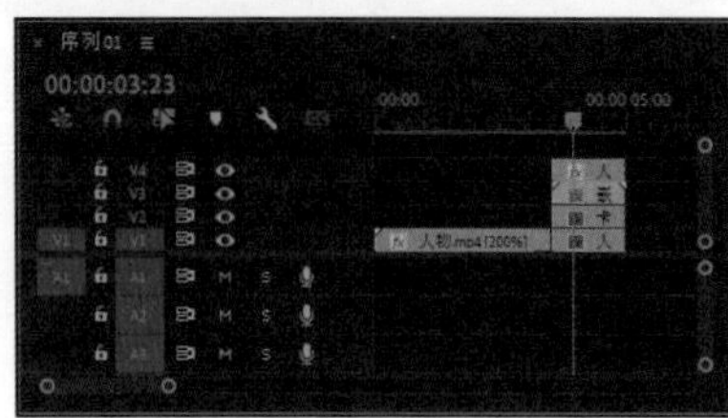

图9-54

图9-55

步骤 10 对V2、V3和V4轨道上的素材进行嵌套，然后设置“位置”参数为920.0和609.0、“缩放”参数为126.0、“旋转”参数为4.0°，如图 9-56 所示。画面效果如图 9-57 所示。

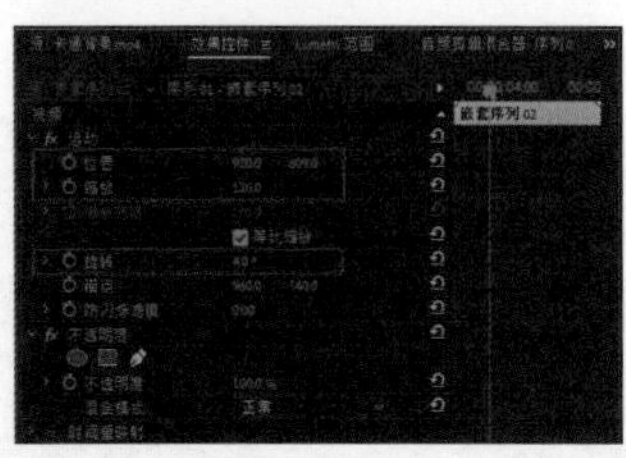

图9-56

图9-57

步骤 11 在“项目:人物介绍视频”面板中，选中“身份信息.mov”素材，将其拖曳到V3轨道上，使其与V2轨道的“嵌套序列02”长度一致，如图 9-58 所示。

步骤 12 在“效果控件”面板设置“位置”参数为1481.0和729.0、“缩放”参数为53.0，如图 9-59 所示。

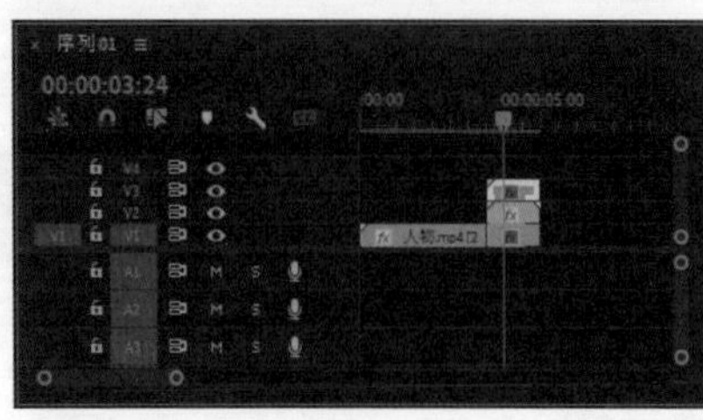

图9-58

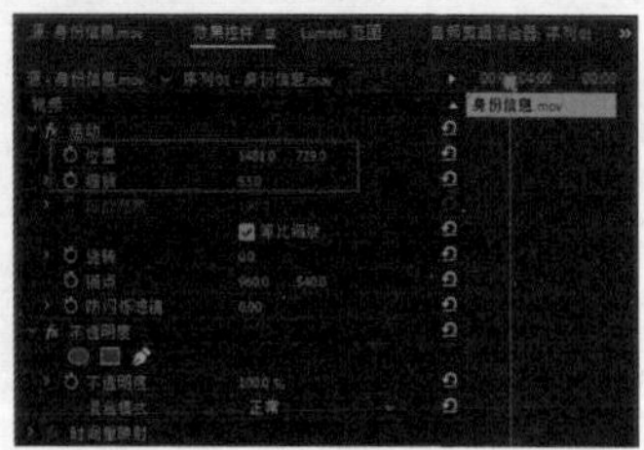

图9-59

步骤 13 为视频添加合适的背景音乐，将视频导出。